张华 ——— 著

变形镁合金
压缩变形行为及增强增韧

BIANXING MEIHEJIN
YASUO BIANXING XINGWEI
JI ZENGQIANG ZENGREN

U0243765

化学工业出版社

·北京·

内 容 简 介

《变形镁合金压缩变形行为及增强增韧》以增强增韧镁合金、改善镁合金变形加工性能为目的，研究了镁合金晶粒取向与预置孪晶对镁合金压缩变形行为的影响、纳米相增强镁基复合材料、镁合金增强增韧新技术等，对增强增韧镁合金、改善镁合金变形加工性能具有重要的理论价值与实际应用意义。

《变形镁合金压缩变形行为及增强增韧》是近来著者在镁合金领域研究成果的集成，可供高等院校和研究院所材料科学与工程专业和冶金专业等相关领域的科研人员、教师和研究生阅读，也可供从事镁合金研究和生产的工程技术人员参考。

图书在版编目（CIP）数据

变形镁合金压缩变形行为及增强增韧 / 张华著. --
北京：化学工业出版社，2022.4
　　ISBN 978-7-122-40613-2

　　Ⅰ.①变… Ⅱ.①张… Ⅲ.①镁合金-变形机制-研究②镁合金-强化机理-研究 Ⅳ.①TG146.22

　　中国版本图书馆 CIP 数据核字（2022）第 015620 号

责任编辑：陶艳玲　　　　　　　　　文字编辑：陈立璞
责任校对：宋　夏　　　　　　　　　装帧设计：史利平

出版发行：化学工业出版社（北京市东城区青年湖南街 13 号　邮政编码 100011）
印　　装：北京科印技术咨询服务有限公司数码印刷分部
710mm×1000mm　1/16　印张 9　字数 174 千字
2022 年 9 月北京第 1 版第 1 次印刷

购书咨询：010-64518888　　　　　　售后服务：010-64518899
网　　址：http://www.cip.com.cn
凡购买本书，如有缺损质量问题，本社销售中心负责调换。

定　　价：69.00 元

前　言

　　镁合金作为最轻的金属结构材料，具有密度低、比强度和比刚度高、阻尼减振、导热性好、电磁屏蔽能力强等一系列优点，被誉为"21世纪的绿色工程材料"，受到世界各国的普遍关注。然而，镁合金为密排六方晶体结构（HCP），室温下独立滑移少，且传统轧制或挤压镁合金通常具有较强的（0001）基面织构，导致其各向异性明显，塑形变形加工困难。因此，研究镁合金的塑性变形行为及各向异性，开发增强增韧新技术，对于调控镁合金组织、改善其综合性能具有重要的理论价值和实用意义。本书是近年来著者在镁合金领域研究成果的集成，以增强增韧镁合金、改善镁合金变形加工性能为目的，论述了著者在镁合金晶粒取向与预置孪晶对镁合金压缩变形行为的影响、纳米相增强镁基复合材料、镁合金增强增韧新技术等方面的最新研究成果。

　　本书由3篇内容组成：第1篇主要论述了晶粒取向与预置孪晶对镁合金压缩变形行为的影响，系统讨论了在不同变形温度及应变速率条件下晶粒取向、预置孪晶对轧制AZ31镁合金塑性变形行为的影响及组织演变规律，揭示了晶粒取向、预置孪晶对微观组织的影响机理；第2篇主要探讨了通过放电等离子烧结-热挤压技术制备纳米相增强镁基复合材料，系统讨论了碳纳米管（CNTs）、碳化硅颗粒（SiC）对镁基复合材料力学性能的影响，并揭示了纳米相增强镁基复合材料的增强机制；第3篇主要论述了著者开发的分流转角正挤压新技术增强增韧AZ31镁合金，系统讨论了镁合金在分流转角正挤压塑性变形过程中的微观组织演变及力学性能改善，并揭示了组织调控机理。全书内容先进、涉及面广，部分内容和技术研究属于学术前沿，著者在撰写过程中力求做到深入浅出、通俗易懂。

　　感谢国家自然科学基金（U1810122）、山东省高等学校青创引育计划创新团队支持计划（2019年）、烟台市高端人才引进"双百计划"（2021年）、山西省重点研发计划国际合作项目（201903D421076）、山西省高等学校优秀青年学术带头人支持计划（2018年）等项目的资助。

　　感谢江亮教授、黄光胜教授、Hans Jorgen Roven教授、许并社教授、樊建锋教授、董洪标教授、张尚洲教授、邓坤坤教授、王利飞副教授对本书撰写给予的悉心指导！感谢同事张强、卢太平、聂凯波、朱礼龙、仝阳、孟范超、李霞、吴冲冲等在科研工作中给予的帮助与鼓励！感谢研究生侯忞健、闫妍、杨牧轩、白晓青等对本书所涉及实验研究的贡献。

本书可供高等院校和研究院所材料科学与工程专业和冶金专业等相关领域的科研人员、教师和研究生阅读，也可供从事镁合金研究和生产的工程技术人员参考。由于镁合金基础研究及增强增韧技术发展非常迅速，涉及的内容与应用前沿、宽广，加上著者学术、技术水平有限，书中难免有偏颇或不足之处，恳请相关领域的专家及读者批评指正。

著者

2021 年 5 月

目 录

第2篇
放电等离子烧结-热挤压
制备纳米相增强镁基复合
材料

49

第 1 篇

晶粒取向与预置孪晶对
镁合金压缩变形行为的影响

第 1 章

镁合金塑性变形理论

1.1 镁合金的塑性变形机制

镁合金作为最轻的金属结构材料，具有密度低，比强度和比刚度高，阻尼性、导热性、切削加工性、铸造性能好，电磁屏蔽能力强，尺寸稳定，资源丰富，可循环再生利用，容易回收等一系列优点，被誉为"21世纪的绿色工程材料"[1-4]。因此，在汽车工业、通信电子工业和航空航天工业等领域得到日益广泛的应用[5-7]。

目前大多数镁合金产品主要通过铸造与压铸工艺进行生产，但这些产品容易产生晶粒粗大、微观空洞、组织不均匀以及力学性能较差等组织缺陷与性能缺陷，这在很大程度上影响了其使用寿命与应用范围[8]。而镁合金在热变形（如轧制、挤压、锻造、冲压等[9-12]）后组织得到了显著细化，变形镁合金的综合力学性能大大提高。为此，广大学者对镁合金的塑性变形行为进行了大量研究并取得了较多的科研成果[13-21]。

1.1.1 镁及镁合金的滑移

在剪切应力的作用下，晶体的一部分与另一部分沿着一定的晶面和晶向发生相对移动，称为滑移[22]。滑移面和滑移方向往往是晶体中原子排列最紧密的晶面和晶向。而大部分镁及镁合金的晶体结构都是密排六方（HCP），轴比 c/a 值约 1.624，非常接近理论比值 1.632[8]。原子最密排面为（0001），原子最密排方向为<11$\bar{2}$0>，也是最容易产生滑移的方向，包含<11$\bar{2}$0>方向的晶面主要有基面（0001）、柱面 {10$\bar{1}$0} 和锥面 {10$\bar{1}$1}[1]。<11$\bar{2}$3>晶向也是潜在的滑移方向，包含<11$\bar{2}$3>的晶面包括 {10$\bar{1}$1}、{10$\bar{2}$1}、{10$\bar{1}$2} 及 {10$\bar{2}$2} 等锥面[1]。表 1-1-1 和图 1-1-1 是镁合金中最常见的几种滑移系。

表 1-1-1　镁合金中最常见的滑移系

类型	滑移性质	滑移面	滑移方向	独立滑移系数量
基面滑移	$<a>$滑移	(0001)	$<11\bar{2}0>$	2
棱柱面滑移	$<a>$滑移	$\{10\bar{1}0\}$	$<11\bar{2}0>$	2
		$\{11\bar{2}0\}$		
锥面滑移	$<a>$滑移	$\{10\bar{1}1\}$	$<11\bar{2}0>$	4
	$<c+a>$滑移	$\{11\bar{2}1\}$	$<11\bar{2}3>$	5
		$\{11\bar{2}2\}$		

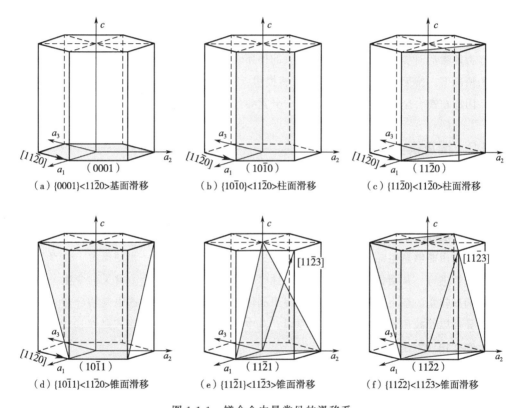

（a）{0001}<11$\bar{2}$0>基面滑移　　　（b）{10$\bar{1}$0}<11$\bar{2}$0>柱面滑移　　　（c）{11$\bar{2}$0}<11$\bar{2}$0>柱面滑移

（d）{10$\bar{1}$1}<11$\bar{2}$0>锥面滑移　　　（e）{11$\bar{2}$1}<11$\bar{2}$3>锥面滑移　　　（f）{11$\bar{2}$2}<11$\bar{2}$3>锥面滑移

图 1-1-1　镁合金中最常见的滑移系

（1）基面滑移

基面$<a>$滑移是镁合金最基本的滑移系，滑移面为（0001）基面，滑移方向为
$<10\bar{2}0>$晶向[1]。其滑移开启所需的临界剪切应力最小（约 0.6MPa），是最容易被激
活的滑移系且随温度的升高变化很小。虽然每组基面上均有三个滑移方向，但从晶体
学角度看基面滑移实际上只能提供两个独立的滑移系。

(2) 棱柱面滑移

根据滑移面的不同，可以分为 $\{10\bar{1}0\}$ 和 $\{10\bar{2}0\}$ 两种滑移，其滑移方向均为 $<11\bar{2}0>$。棱柱面滑移不易启动，临界分切应力约在 40MPa 左右，但其临界分切应力会随着温度的升高而减小。棱柱面滑移也只能提供两个独立的滑移系，即使加上基面滑移仍不能满足 Von-Mises 准则[23]。此外，两种滑移均为 a 位错滑移，滑移方向 $<11\bar{2}0>$ 与晶粒 c 轴垂直，所以变形时无法协调 c 轴方向的变形[1]。

(3) 锥面滑移

镁合金中的锥面滑移分为 $<a>$ 和 $<c+a>$ 两种滑移形式。从晶体学角度看锥面 $<a>$ 滑移可以看作是基面滑移和棱柱面滑移的综合作用，并不能提供新的独立的滑移系[1]。而锥面 $<c+a>$ 滑移是镁合金中潜在的滑移系，由于其柏氏矢量较大，激活所需的临界分切应力很大，变形过程很难启动，但会随着温度的升高而急剧下降，这是因为热激活对克服位错阻力起了很大的作用。并且即使在基面和棱柱面滑移不能启动的情况下，锥面 $<c+a>$ 滑移也能够提供 5 个独立的滑移系来协调 c 轴方向的变形，因此在镁合金的塑性变形中起到十分重要的作用。

1.1.2 镁及镁合金的孪生

孪生是镁合金另一种重要的塑性变形机制。镁合金的塑性变形过程中当滑移受阻不能有效地协调变形时，孪生就会启动。材料以切变的方式进行进一步变形，但孪生切变量一般都小于滑移变形量，因此孪生本身对晶体塑形变形的直接贡献并不大，但孪生的作用能够调整晶体的取向并释放应力集中，进而激发进一步的滑移，使滑移和孪生交替进行，从而提高材料的整体塑性[24]。表 1-1-2 是镁合金中常见的孪生类型以及转轴和转角。孪生的发生强烈地依赖于晶体取向和载荷方向，这也是镁合金表现出各向异性以及拉压不对称性的重要原因。其中最主要的两种孪生形式是 $<10\bar{1}2>$ 拉伸孪生和 $<10\bar{1}1>$ 压缩孪生。

表 1-1-2 镁合金中常见的孪生类型以及转轴和转角[25]

类型	转角/转轴
$\{10\bar{1}2\}$	$86°/<1\bar{2}10>$
$\{10\bar{1}1\}$	$56°/<1\bar{2}10>$
$\{10\bar{1}3\}$	$64°/<1\bar{2}10>$
$\{10\bar{1}1\}$ - $\{10\bar{1}2\}$	$38°/<1\bar{2}10>$
$\{10\bar{1}3\}$ - $\{10\bar{1}2\}$	$22°/<1\bar{2}10>$

（1）＜10$\bar{1}$2＞拉伸孪生

其孪生面是 {10$\bar{1}$2}，孪生方向是＜10$\bar{1}$1＞，能够使基体晶格发生一个 86.3°偏转[1]。根据最小切变原则，切变量小的孪生容易发生，{10$\bar{1}$2} 孪生的切变量最小，其临界分切应力约 2～3MPa，因而在变形过程中也最容易被激活。但只有在垂直于 c 轴方向压缩或沿 c 轴方向拉伸时才能激发此类孪生［图 1-1-2（a）］，这直接导致了镁合金在变形初期较低的屈服应力。拉伸孪晶一般发生在变形初期并呈透镜状形态（厚大）。

（2）＜10$\bar{1}$1＞压缩孪生

其孪生面是 {10$\bar{1}$1}，孪生方向是＜10$\bar{1}$2＞，被激活后能使基体晶格偏转 56°[1]。与拉伸孪生相反，只有在沿 c 轴方向压缩或垂直于 c 轴方向拉伸时这种孪生才能发生［图 1-1-2（b）］。其启动应力远高于拉伸孪生达到 76～153MPa，因而塑性变形时很难被激活。压缩孪生主要发生在变形后期，呈窄带状形态（细长），从而降低应变能；并且其界面不易迁移，是再结晶的潜在形核点。{10$\bar{1}$1} 孪生经常在较大应变或较高温度下的变形中发生，但很少以单一的形式出现。通常在一次压缩孪生后会再次发生拉伸孪生，即二次孪生。其中最常见的是 {10$\bar{1}$1}-{10$\bar{1}$2} 二次孪晶。

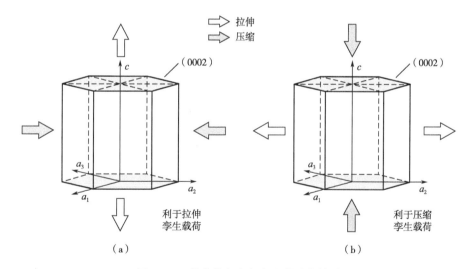

图 1-1-2　外载荷方向与孪生激活的关系

1.1.3　镁及镁合金的动态再结晶

动态再结晶作为一种有效的软化和晶粒细化机制，对控制镁合金的变形组织，改善镁合金的塑性变形能力以及提高材料的力学性能具有重要的意义[1,24,26]。由于镁合金在变形时能够启动的滑移系有限，自身层错能较低（60～78mJ/m²）且有较高的晶界扩散速度，这使晶界处的堆积位错很容易合并重组，从而加速动态再结晶的形核和长大，促进镁合金动态再结晶。镁合金的塑性变形机制非常复杂，且到目前为止还没有完整的理论研究能够清楚解释在镁合金塑性变形时的动态再结晶机制。在此介绍五种常见的动态再结晶模型：非连续动态再结晶（DDRX）、连续动态再结晶（CDRX）、孪晶动态再结晶（TDRX）、旋转动态再结晶（RRX）以及低温动态再结晶（LTDRX）[26,27]。

（1）非连续动态再结晶（DDRX）

图 1-1-3 为非连续动态再结晶（DDRX）示意图。非连续动态再结晶一般在高温下发生，主要包括下面 3 个过程。

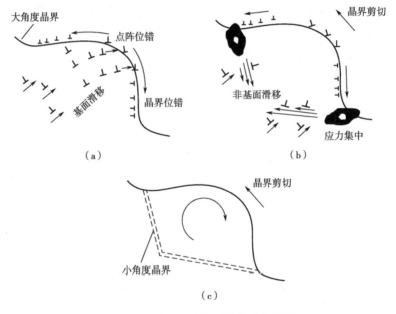

图 1-1-3　非连续动态再结晶示意图[28]

① 变形时晶界处形成高密度位错造成初始晶界部分区域应力分布不均而发生局部迁移，形成典型的"凸起"结构。

② 非基面滑移启动能导致在晶界附近处形成较高的应变梯度。

③ 这些非基面滑移与基面滑移相互作用（位错重排）形成亚晶界，将"凸起"从原始晶粒上切割分裂下来；这些亚晶界不断吸收周围的位错最终形成大角度晶界，完成再结晶。

非连续动态再结晶要求晶界具有大的迁移能力。所以合金的纯度越高，变形温度越高，晶界的迁移能力就越强，越容易发生非连续动态再结晶[28]。而晶界"凸起"

也被认为是非连续动态再结晶发生的典型特征，因此新晶粒包含有部分原始高角度晶界。

（2）连续动态再结晶（CDRX）

图 1-1-4 为连续动态再结晶（CDRX）示意图。连续动态再结晶的过程可描述为：

① 变形过程中，位错在应力的作用下沿基面或非基面滑移，在原始晶界处聚集，而强烈应力集中致使原始晶界发生弯曲变形，形成典型的"锯齿状"晶界。

② 位错塞积到一定程度时，为了降低应力集中，堆积位错发生重排和合并（动态回复）在晶界处重组形成位错胞结构等亚结构。

③ 随着应变的增大，在晶界处形成亚晶粒不断吸收周围晶格位错转化成大角度晶界，从而形成新的细小的再结晶晶粒达到细化晶粒的效果。

塑性变形时，滑移位错在原始晶界处大量累积，通过晶格位错的重组形成亚晶。这些亚结构在原始晶界附近通过吸收周围晶格位错不断长大，进而沿原始晶界形成了典型的再结晶晶粒的"项链结构"。最终原始粗晶粒被新晶粒逐渐蚕食和取代，实现完全再结晶。有趣的是，连续动态再结晶一般在层错能较高的金属中，镁合金属于低层错能金属，但由于其非基面层错能比基面层错能大 4~7 倍以上[1]，因此当非基面滑移被激活时，位错容易发生重排和交滑移而形成小角度晶界，因而也能通过连续动态再结晶机制形核。

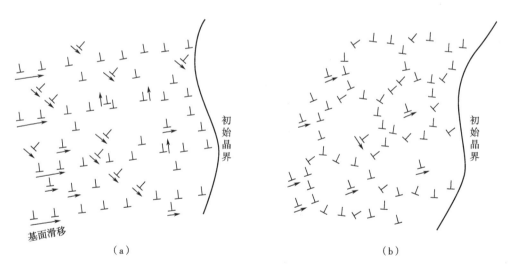

图 1-1-4　连续动态再结晶示意图[28]

（3）孪晶动态再结晶（TDRX）

孪晶动态再结晶是镁合金中另一种重要的动态再结晶机制。通常在粗晶组织中容易发生，新晶粒的形核可通过孪晶之间的交互作用实现，在孪晶内部或晶界与孪晶交界处形核。随着变形量的增大，孪晶界可与运动位错发生反应转变成普通晶界，并最终被动态再结晶晶粒取代。图 1-1-5 为孪晶动态再结晶（TDRX）示意图。

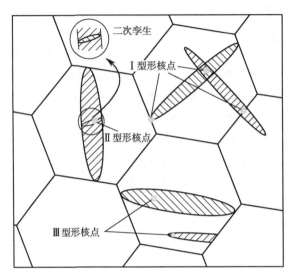

图 1-1-5　孪晶动态再结晶形核示意图

孪晶动态再结晶主要包括下面 3 种形核机制。

① 变形孪晶之间或变形孪晶与原始晶界之间的相互交截处反应形核[1,27]。在变形过程中，当不同孪晶系以及各种孪晶变体启动来协调变形时，变形孪晶之间相互交叉形成大量由两对孪晶界围成的"矩形区域"，是动态再结晶形核的理想位置。

② 在粗大的初级孪晶层内发生了二次孪生，二次孪晶呈薄片状与初级孪晶相互交割，随着应变的增大最终在二次孪晶处形核，长大形成新的再结晶晶粒。

③ 直接在孪晶的内部形成小角度晶界。在变形过程中由于晶界的阻碍作用，位错在孪晶内的晶界处累积。随着变形的不断增加，位错塞积与应力集中变得更加严重，从而激活了非基面滑移。动态再结晶形核点便通过$<a>$位错与$<c+a>$位错的交互作用产生，在晶界迁移的控制下这些核心长大成细小的动态再结晶晶粒。Yin 等[20]研究指出，镁合金在单向拉伸热变形时，孪生与$<c+a>$位错积累的储存能驱动了动态再结晶晶粒的形核，在外应力的作用下，这些孪晶界和晶核不断吸收晶格位错最终变成普通大角度晶界。

（4）旋转动态再结晶（RRX）

除了上述的动态再结晶机制，在高温变形时，许多学者还提出了一种新的旋转动态再结晶（RRX）模型。Valle 等[29]对 AZ61 镁合金进行多道次热轧后，观察到细小的动态再结晶晶粒环绕在原始晶粒周围并分布在晶界上。随着应变的增大，原始晶粒逐渐被消耗，最终实现完全再结晶。并且旋转动态再结晶在热变形过程中能够引起局部剪切变形，再结晶晶粒的取向也与原始晶粒有很大差别，这些对协调镁合金进一步的塑性变形具有重要作用。Ion[30]则认为，在镁合金变形初期 {10$\overline{1}$2} 面的初级孪生使得晶体转向硬取向不利于基面滑移，而非基面滑移等启动需要很大的应力，导致位错在晶界附近大量堆积造成局部畸变。晶界畸变区高的存储能成为动态再结晶形核的理想区域，晶界处堆积的位错通过回复形成小角度晶界等亚结构，然后随着应变的增大，亚晶界不断地迁移和合并，最终在晶界处形成新的再结晶晶粒。新晶粒围绕着原始晶粒由晶界向晶内扩展，再结晶晶粒取向利于基面滑移，能够进一步协调镁合金变形，因而随后的变形主要集中在再结晶区域，形成更大的变形带或延性剪切带[1,27]。

旋转动态再结晶示意图见图 1-1-6。

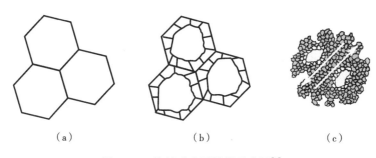

（a）　　　　　　　　（b）　　　　　　　　（c）

图 1-1-6　旋转动态再结晶示意图[1]

（5）低温动态再结晶（LTDRX）

低温动态再结晶通常发生在 473K 以下，指在低温环境下进行大塑性应变时，变形造成晶粒内部存在大量的弹性畸变，随着变形的进行，通过大量的位错重排形成大角度晶界向等轴状晶粒的转变。低温动态再结晶形成的再结晶晶粒十分细小并且材料硬度明显提高，同时这些晶粒的晶界处位错密度很高且处于非平衡状态[28]。但是关于镁及镁合金 LDRX 机制的观点还存在很多争议，还需做进一步的深入研究。

1.2　镁合金塑性变形影响因素

影响镁合金塑性变形的因素众多，它们通过影响镁合金塑性变形机制来影响镁合金的变形，主要包括变形温度、变形速率、晶体取向及合金元素等[1,9]。因而，研究并掌握这些影响因素对挖掘镁的塑性变形潜力及开发高性能变形镁合金都具有重要意义。

（1）变形温度

变形温度是影响镁合金滑移、孪生和晶界滑动等塑性变形机制的重要因素，而且塑性变形时伴随着的动态再结晶（DRX）行为也与温度密切相关[18-20,24,31,32]。随着温度的升高，非基面滑移系激活所需的临界分切应力大大降低，极大地改善了塑性变形时的应力集中，从而使材料的塑性变形能力得到了极大的提高。因此，目前大多数变形镁合金都采用热加工方法生产。此外，变形温度的提高可以促进动态再结晶的发生。但较高的温度会使镁合金再结晶晶粒明显长大，造成组织粗化，导致塑性在一定程度上降低。

（2）变形速率

影响镁合金塑性变形能力的另一因素是变形速率[17,18,33-35]。当温度较低时，随着变形速率的增大，意味着位错运动速度的加快，在晶界附近易引起应力集中，致使应力在短时间内无法有效释放，使材料提前断裂失效。变形速率对动态再结晶也有很大影响。当温度较高时，变形过程中材料则会发生动态再结晶。这时较小的变形速率使材料有充足的时间进行动态回复和再结晶，能够促进材料的再结晶软化及组织晶粒的长大。而在热加工的过程中，选择合适的应变速率，能够通过动态回复和动态再结晶等软化作用来提供其持续变形的能力，获得细小均匀组织。

（3）晶体取向

镁合金为密排六方结构，在塑性变形（如轧制、挤压、锻造、冲压等）时由于滑移和孪生使晶粒发生转动而形成强烈的织构，对后续变形和材料的最终性能有显著影响[16,29,35-40]；并且在镁合金中，各种类型的滑移系和孪生无论是激活方式还是临界剪切应力都存在较大差异。在塑性变形时，只有当滑移无法进行时，孪生才启动，而孪生的启动强烈依赖于晶体取向和外载荷施加方式，如常见的 $\{10\bar{1}2\}$ 拉伸孪晶与 $\{10\bar{1}1\}$ 压缩孪晶。这会导致变形镁合金在塑性变形时在不同取向上表现出强烈的各向异性。通常轧制镁合金会形成（0001）基面织构，而挤压态镁合金大多数晶粒的基面平行于挤压方向。

（4）合金元素

纯镁的塑性差且强度小，往往要加入合金元素来改善镁合金的综合力学性能[1,3,8,41,42]。通过合金元素在镁基体中的固溶作用来实现合金化。镁合金中的固溶原子可以改变晶格常数和原子结合力，导致镁合金的晶体结构发生变化，从而达到固溶强化效果[8]。如 Li、Pb、Ag 等元素的加入，使原子扩散减慢，阻碍位错运动和滑移，从而产生很强的固溶强化效果和时效强化效果，提高合金的高温强度和蠕变强度。而 Al、Zn、Si 合金元素的加入能够形成稳定第二相结构，达到沉淀强化的效果。Zr 则是有效的晶粒细化剂，因而能有效细化铸件晶粒，改善铸件质量，提高镁合金的塑性。但由于 Zr 与 Al、Mn 会形成稳定化合物而沉淀，不能起到细化晶粒的作用[42]，因此镁合金又有含 Zr 和不含 Zr 之分。由于具有独特的核外电子排布，稀土元素的加入往往能够起到意想不到的作用，包括细化晶粒，净化熔体，提高合金室温强度、热稳定性和耐蚀性等。因而对于稀土元素在镁中的合金化规律研究对开发新型高强度镁合金具有重要意义。

1.3　本章小结

如前所述，镁合金具有非常复杂的塑性变形机制，在不同的变形条件下由于变形机制不同使得其变形时展现出不同的宏观性能，且在不同的塑性变形中易形成不同类型的织构，其会对镁合金的二次成型产生重要影响。尽管对镁合金的塑性变形机理已有过大量研究，但至今还没有一套完整的理论能够清楚地解释镁合金所有的变形行为。因此，对于塑性变形机制的基础研究一直是镁合金领域研究的一个热点。

第2章

晶粒取向对轧制AZ31镁合金
压缩变形行为的影响

作为最轻的金属结构材料,镁合金的潜在应用价值越来越受到人们的关注,特别是在航空航天和汽车工业领域[4]。与铸造镁合金相比,变形镁合金具有更高的强度、延伸率以及更好的耐腐蚀性,因而近年来越来越多的学者都致力于开发新型的变形镁合金。然而,Mg 的晶体结构为密排六方(HCP),在(0001)基面上只能提供两个独立的滑移系,远不能满足协调变形时至少 5 个独立滑移系的需求[37,43]。因此,室温下的镁合金表现出很差的塑性变形能力[37,44]。此外,变形镁合金在制造过程中会形成强烈的基面织构,从而使材料具有强烈的各向异性,进一步影响材料塑性的提高[21],这些都在很大程度上限制了镁合金的广泛应用。

因此,进一步研究镁及镁合金的塑性变形机制及再结晶行为对于制备新型高性能变形镁合金便具有重要意义。许多学者为此也做了大量的工作并且已有研究表明许多因素(如环境温度[18-20,31,32]、应变速率[17,18,33-35]、初始织构[16,35,37-40]等)都能够通过影响镁合金的塑性变形机制从而影响其宏观性能。Yin 等[20]通过单轴拉伸试验研究了热轧 AZ31 镁合金在不同应变速率和温度下的变形性能,结果表明,在低温下的初始变形阶段其主要的变形机制为孪生,通过孪生积累的畸变能最终导致了动态再结晶(DRX)的发生[20]。Sanjari 等[34]在 300~450℃下,通过压缩试验研究了应变速率对AZ31B 镁合金热变形行为和织构演变的影响。Kurukuri 等[45]研究了在室温和不同应变速率下 AZ31B 镁合金板材的应变速率敏感性和拉压不对称性。Ardeljan 等[18]建立了用于大塑性变形行为的应变速率和温度敏感性多级模型,并将其应用于 AZ31 镁合金。该模型表明,流变应力和微观结构演变的不同取决于变形过程中滑移和孪生活动的相对占比[18]。Wang 等[47]认为,热轧过程中发生的 DRX 与 AZ31 镁合金的初始织构密切相关;并且 Wang 等[48]研究了初始织构对 AZ31 镁合金宏观力学性能的影响,发现屈服强度和应变硬化率对初始织构具有高度各向异性。

然而，对于在不同温度（室温 RT～300℃）和应变速率（$1×10^{-1}～1×10^{-3}\,s^{-1}$）下，镁合金在单轴压缩时晶粒取向和变形行为之间的关系还没有进行系统的研究。因此，本章系统研究了晶粒取向对不同温度、应变速率条件下轧制 AZ31 镁合金塑性变形行为的影响以及变形过程中的微观组织演变。

2.1　AZ31 镁合金的初始组织

以初始轧制 AZ31 镁合金法线方向 （ND）、45°方向和轧制方向 （RD）为压缩轴将其切割成尺寸为 $5\,mm×5\,mm×10\,mm$ 的长方体状样品，分别称为 ND、45°和 RD 样品 （图 1-2-1）；然后用万能实验机在不同条件下对样品进行单轴压缩实验，

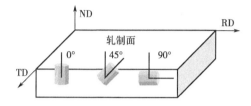

图 1-2-1　热轧 AZ31 镁合金取样位置示意图

压缩实验在 6 个温度（RT、100℃、150℃、200℃、250℃、300℃）和 3 个应变速率 （$1×10^{-1}\,s^{-1}$、$1×10^{-2}\,s^{-1}$、$1×10^{-3}\,s^{-1}$）条件下进行。

图 1-2-2 给出了 AZ31 镁合金轧制平面的反极图成像图、（0002）极图和晶粒尺寸的分布直方图。从图 1-2-2（a）、（b）中可以看出，初始状态的 AZ31 镁合金板材具有完全再结晶的等轴晶粒组织。如图 1-2-2（c）所示，由于原始板材大部分晶粒中的 c 轴平行于 ND，使其表现出强烈的（0001）基本织构，织构强度为 20.6。图 1-2-2（d）是轧板晶粒分布直方图，其平均晶粒尺寸为 21.4μm。

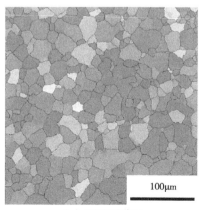

（a）反极图成像图　　　　　　　　　　（b）反极图成像图

图 1-2-2

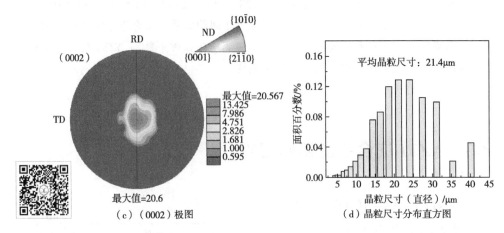

图 1-2-2　AZ31 镁合金轧制平面的反极图成像图、(0002) 极图及晶粒尺寸分布直方图

2.2　AZ31 镁合金的压缩流变曲线

图 1-2-3 为 ND、45°和 RD 样品在不同温度和应变速率下的压缩真应力-应变曲线。当温度较低时（≤200℃），可以清楚地看到 ND、45°和 RD 样品的应力-应变曲线形状存在明显的差异，表明沿不同的取向进行压缩时变形机制存在很大的差异。ND 样品在不同应变速率下的压缩应力-应变曲线在整个变形阶段呈现出"下凹"的形状，这是晶体滑移的典型特征[49]；表明在低温（≤200℃）下，沿 ND 方向压缩时早期变形主要以晶体滑移为主。为了进一步验证这个结论，在室温下将 ND 样品压缩到了 0.05 真应变处［图 1-2-4（a）］。可以清楚地看到，ND 样品中几乎观察不到孪晶，从而进一步证明 ND 样品的早期变形主要是由晶体滑移决定的。当温度小于 200℃时，45°和 RD 样品的压缩曲线在变形早期会有一段"上凹"阶段，这是 $\{10\bar{1}2\}$ 孪生主导塑性变形的典型特征[50]。此外，与 45°样品相比，RD 样品的压缩曲线表现出更明显的"上凹"形状。这是因为晶体滑移和 $\{10\bar{1}2\}$ 孪生共同主导 45°样品初期的变形过程，而对于 RD 样品，其主要的变形机制却是 $\{10\bar{1}2\}$ 孪生。当温度达到 250℃和 300℃时，即使应变速率不同，45°和 RD 样品的压缩曲线形状也会逐渐变得与 ND 样品的压缩曲线形状相似，这被认为是随着温度的升高，变形过程中位错滑移逐渐占据主导地位的结果。但即使温度达到 300℃，RD 样品在 $1\times10^{-1}\,\mathrm{s}^{-1}$ 的高应变速率下的流变曲线在变形早期仍会出现"上凹"阶段，这是因为镁合金的 $\{10\bar{1}2\}$ 孪生在高温下（甚至高达 400℃）仍可以被激活[50,51]。

如图 1-2-3 所示，在较低温度下变形时，流变应力首先快速增大到达峰值应力，

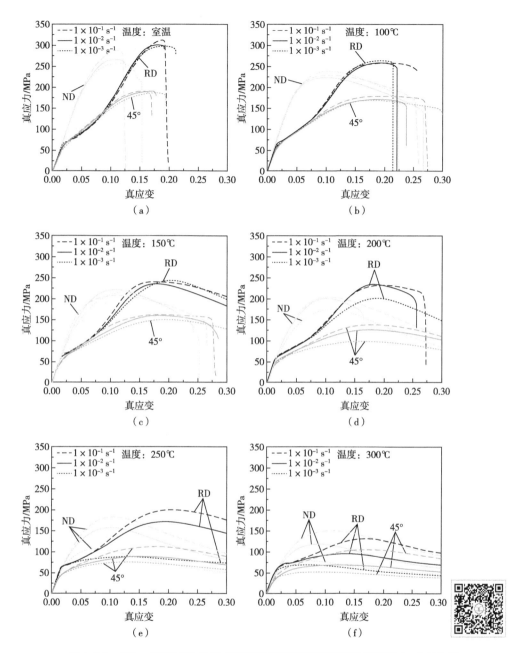

图 1-2-3　ND、45°和 RD 样品在不同温度和应变速率下的压缩应力-应变曲线

然后迅速下降，最后样品被压断。如图 1-2-4（b）所示，在 100℃时沿 RD 方向压缩后样品中产生大量的孪晶，其裂纹沿变形孪晶和剪切带形成和扩展，最终导致材料早期失效和较差的塑性变形能力。但随着温度的升高，特别是在 200℃以上时，压缩样品基本不会被破坏，其流变应力一直增大到最大峰值应力，之后观察到的是流变软化

阶段，最后流变应力达到一个相对稳定的状态。这种流变行为源于镁合金的动态再结晶，其显著增加了镁合金在高温下的塑性变形能力。如图 1-2-4（c）所示，在 250℃压缩的 RD 试样中，沿着剪切带除了可以观察到许多孪晶，在许多晶界和孪晶界附近也能观察到一些细小的再结晶晶粒。这也进一步表明随着温度的升高，位错滑移逐渐开始主导变形。

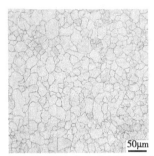 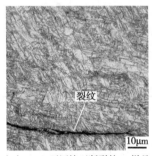 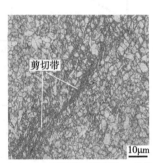

（a）室温下压缩到0.05应变的ND样品　（b）100℃下压缩至断裂的RD样品　（c）250℃下压缩至断裂的RD样品

图 1-2-4　应变速率为 $1 \times 10^{-2} s^{-1}$ 条件下的金相组织

2.3　AZ31 镁合金的压缩机械性能

图 1-2-5 是 ND、45°和 RD 样品压缩后的屈服应力和峰值应力。由于存在强烈的（0001）基本织构，原始的 AZ31 镁合金板在沿不同取向压缩时，屈服应力和峰值应力都表现出很强的各向异性。特别是温度在 200℃以下时，ND 样品的屈服应力比 45°和 RD 样品要大得多，这可以用晶体滑移和孪生具有不同的临界分切应力（CRSS）来解释。当早期变形主要由高 CRSS 的晶体滑移主导时，样品表现出高屈服应力（见 ND 样品）[36,52-54]。但是当具有低 CRSS 的 {10$\bar{1}$2} 孪生主导早期变形时，样品则表现出低的屈服应力（见 45°和 RD 样品）[49,52,55,56]。需要注意的是，对于 45°的样品，在早期变形时一些晶粒取向既有利于基面滑移，又有利于 {10$\bar{1}$2} 孪生。但对于 RD 样品，则只有 {10$\bar{1}$2} 孪生主导早期变形过程。众所周知，基面滑移所需的 CRSS 要低于 {10$\bar{1}$2} 孪生[32]，并且变形过程镁合金中孪晶的数量也会影响其屈服强度[57,58]，因此 45°样品的屈服应力低于 RD 样品的屈服应力。另外，在不同应变速率下，沿 ND 取向压缩时的屈服应力随着温度的升高迅速降低，而 45°和 RD 样品的屈服应力在 200℃以下时基本保持不变。这可以解释为非基面滑移的 CRSS 随着温度的升高而降低[59-62]，基面滑移和 {10$\bar{1}$2} 孪生的 CRSS 基本与温度变化无关[15,32,49]。

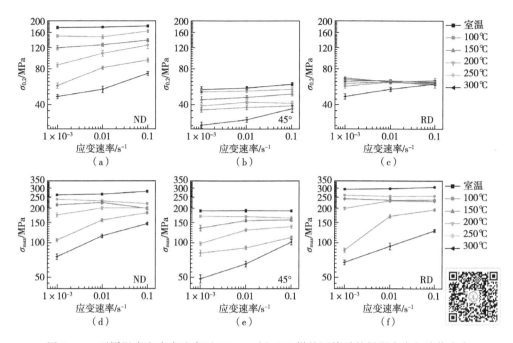

图 1-2-5　不同温度和应变速率下 ND、45°和 RD 样品压缩后的屈服应力和峰值应力

从图 1-2-5 中可以清楚地看出，对于 ND、45°和 RD 样品，在变形温度低于 200℃时，压缩峰值应力几乎不随应变速率（$1×10^{-1}\sim1×10^{-3}\,\mathrm{s}^{-1}$）的改变而变化，说明峰值应力对应变速率敏感性较弱。但当变形温度超过 200℃时，应变速率对峰值应力则会起到更加明显的影响，ND、45°和 RD 样品的峰值应力随着应变速率的增大而显著增加。这是由于应变速率的增大，加速了位错的堆积并且降低了 DRX 的速度，使应力集中很难在短时间内得到释放[20]。此外，样品的峰值应力也与初始晶粒取向（ND、45°和 RD）有关，并且随着温度的升高而迅速下降。

已有研究证明，施加在样品上的应力和应变速率满足下列幂函数关系[63]。

$$\sigma = K\dot{\varepsilon}_m \tag{1-2-1}$$

式中，σ 是流变应力；$\dot{\varepsilon}$ 是应变速率；K 是材料常数；m 是应变速率敏感指数。因此，可以在恒定应变和温度下用式（1-2-1）的变体来计算 m 值：

$$m = \frac{\partial\ln\sigma}{\partial\ln\dot{\varepsilon}} \tag{1-2-2}$$

m 的值是描述材料热加工性能的重要参数，与材料种类、晶粒尺寸、变形温度、应变速率等因素有关，反映了材料抵抗不稳定塑性流变的能力。当 m 值等于 1 时，材料在整个变形过程中将发生均匀变形，意味着材料具有良好的塑性变形能力。相反 m 值的减小会加剧流变的局域化，造成局部应力集中，最终导致材料的失效。

基于已有的研究[60,63-65]，通常选用 0.1～0.5 的应变来评估具有明显差异的应变率敏感性。考虑到在室温下沿 ND 方向压缩至 0.10 左右的应变时试样就已经断裂，所以选用 0.07 的应变来计算本实验中的应变率敏感性。如图 1-2-6 所示，将 $\varepsilon = 0.07$ 对应的流变应力 σ 与应变速率 $\dot{\varepsilon}$ 分别取对数，然后进行拟合；根据公式（1-2-2），拟合直线的斜率即表示 m 值的大小。图 1-2-7 则表示不同取向样品在 $\varepsilon = 0.07$ 时对应的 m 值的相应变化情况。从图 1-2-6 和图 1-2-7 中可以看出，对于 ND、45°和 RD 样品，在 200℃以下的温度时 m 值较低，这表明在变形过程材料中容易发生局部不均匀的变形而导致材料的早期失效。相反，当变形温度超过 200℃时，随着温度升高，m 值急剧增大。高的 m 值意味着对局部塑性变形具有高的抗性，从而使热变形期间的变形更加均匀。这实际上是在变形过程中随着变形温度的升高，更多的滑移系被激活来协调变形[60,62]。

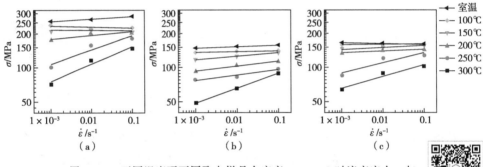

图 1-2-6　不同温度下不同取向样品在应变 $\varepsilon = 0.07$ 时流变应力 σ 与
应变速率 $\dot{\varepsilon}$ 分别取对数后的关系

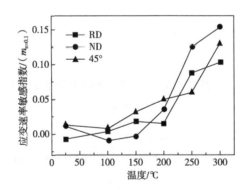

图 1-2-7　不同取向样品在应变 $\varepsilon = 0.07$ 时的应变速率敏感指数图

2.4　AZ31 镁合金的压缩应变硬化率

图 1-2-8 为 ND、45°和 RD 样品的应变硬化率曲线。可以看出热轧 AZ31 合金板材沿不同方向压缩时由于变形机制的不同，应变硬化率曲线表现出强烈的各向异性。在变形过程中，镁合金通过晶体滑移和孪生的相互竞争与相互影响达到共同协调塑性变形的目的，所以应变硬化率曲线是由孪生和滑移对变形的相对贡献决定的[14,66]。

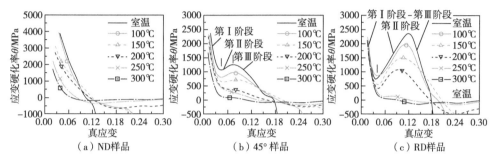

（a）ND样品　　　（b）45°样品　　　（c）RD样品

图 1-2-8　应变速率为 $1 \times 10^{-3} s^{-1}$ 时不同取向样品
在不同温度下的应变硬化率曲线

从图 1-2-8 中可以看出，在温度低于 200℃时，ND 样品的应变硬化率高于 45°和RD 样品。由于变形机制的激活强烈依赖于镁合金的晶粒取向及外加载荷的方向[66]，而 AZ31 镁合金板材［图 1-2-2（c）］具有强烈的（0001）基面织构，因此 ND 试样在压缩过程中的绝大部分晶粒都处于硬取向，这不利于基面滑移和柱面滑移的启动，但却有利于$<c+a>$锥面滑移和 $\{10\bar{1}1\}$ 压缩孪晶[36,54,67,68]。然而在低温下，第二类 $<c+a>$ 锥面滑移的 CRSS 远远高于其他滑移系和 $\{10\bar{1}2\}$ 拉伸孪晶[36,69]。相比之下，45°和 RD 样品的早期变形主要表现为 $\{10\bar{1}2\}$ 拉伸孪生和基面$<a>$滑移。由于拉伸孪生和基面滑移的 CRSS 较低，导致应变硬化率也较低，从而使得 ND 样品的应变硬化率比 45°和 RD 样品要高得多，特别是在应变量较小的时候。另外，随着变形温度的升高，镁合金中非基面滑移系的 CRSS 逐渐降低，导致 ND 样品的应变硬化率出现降低。

对于 45°和 RD 样品［图 1-2-8（b）和（c）］，在温度较低时（≤200℃），应变硬化率曲线可以明显地分为三个阶段，而在高温下应变硬化率却是一直处于下降趋势。低温时的应变硬化率曲线如下：①在第Ⅰ阶段应变硬化率随着应变的增加而迅速减小；②在第Ⅱ阶段，应变硬化率随着应变的增加而增加；③在第Ⅲ阶段，应变硬化率随着应变的增加再次减小。之前有研究[40,70]认为，第Ⅱ阶段的应变硬化行为是由 $\{10\bar{1}2\}$ 孪晶晶界造成的。大量的孪晶晶界能够起到细化晶粒组织、阻碍位错运动的作用，通过 Hall-Petch 强化机制使第Ⅱ阶段的应变硬化速率得到提高。更重要的是，

$\{10\overline{1}2\}$ 孪生会使晶粒取向转向硬取向，这种织构强化在一定程度上增加了第 II 阶段中试样的应变硬化率[13,48,71]。此外，在温度低于 200℃时，RD 样品在第 II 阶段的应变硬化率高于 45℃试样，这表明 $\{10\overline{1}2\}$ 拉伸孪晶在 RD 样品中起到了更加明显的作用。需要注意的是，对于 45°和 RD 样品，随着温度的升高，应变硬化率曲线的第 II 阶段都开始逐渐降低消失。这是因为 $\{10\overline{1}2\}$ 孪生大幅减少，变形机制由孪生转变为位错滑移[32,69]。当温度高于 250℃时，应变硬化率曲线由位错滑移引起的动态再结晶行为控制。因此，当温度高于 250℃时，ND、45°和 RD 样品的应变硬化率曲线变得十分相近。

2.5 AZ31 镁合金的压缩变形微观组织

图 1-2-9 为 ND、45°和 RD 样品在 RT～300℃下，应变速率为 $1\times10^{-3}\,\mathrm{s}^{-1}$ 时压缩后样品的金相组织。可以看到在相对较低的温度下（＜200℃），在 ND、45°和 RD 样品中存在大量的变形条带和孪晶；并且随着变形温度的升高，孪晶的数量明显减少。

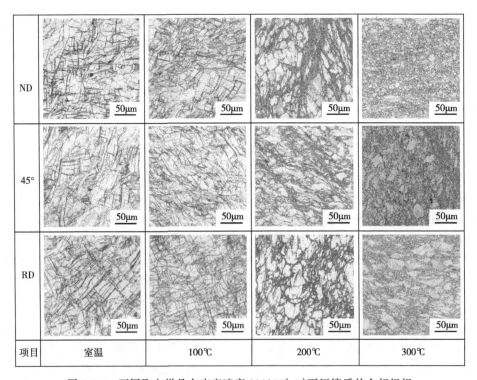

图 1-2-9　不同取向样品在应变速率 $1\times10^{-3}\,\mathrm{s}^{-1}$ 下压缩后的金相组织

而在 200℃ 和 $1 \times 10^{-3} s^{-1}$ 的应变速率下，变形后的压缩样品在沿晶界、孪晶界和变形剪切带上有许多细小的再结晶晶粒形成，并且再结晶的体积分数也随着变形温度的增大而增加[20]。这是因为在这些变形较大区域在变形阶段累积了更高的储存能，加速了压缩过程中的动态再结晶。

图 1-2-10 是在 300℃ 下 ND 样品在不同应变速率下的金相组织，可以看到再结晶晶粒的体积分数随着应变速率的降低而增加。这是因为在高应变速率下短时间内产生更加严重的位错堆积，应力集中很难被释放，使得动态再结晶的速率降低，从而在很大程度上降低镁合金的塑性变形能力[20]。

(a) $1 \times 10^{-1} s^{-1}$ 　　　　(b) $1 \times 10^{-2} s^{-1}$ 　　　　(c) $1 \times 10^{-3} s^{-1}$

图 1-2-10　不同应变速率下 ND 样品在 300℃ 压缩后的金相组织

如图 1-2-11（a）所示，一些粗大的等轴晶粒在压缩后变成扁平状。与原始轧板（图 1-2-2）相比，压缩后 ND 样品表现出更强烈的基面织构（22.7＞20.6），即平行于 ND 取向的晶粒的 c 轴更加集中，如图 1-2-11（b）所示。从图 1-2-11（c）中可以观察到典型的锯齿状和"凸起"的晶界，并且有一些细小的再结晶晶粒沿原始晶粒的晶界分布。实际上，锯齿状晶界和"凸起"等特征可能会被 EBSD 图中晶界上的迹线误导，并且与晶粒形状、视图分辨率、晶粒尺寸和给定视图尺寸的关系更为相关。

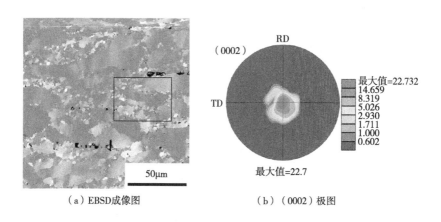

(a) EBSD 成像图　　　　　　(b)（0002）极图

图 1-2-11

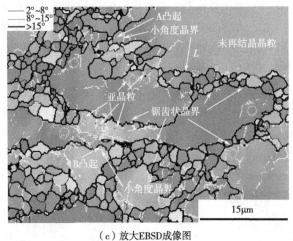

（c）放大EBSD成像图

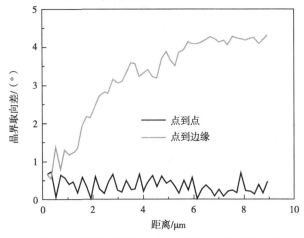

（d）直线 L 上相邻点之间的取向差和相对于第一点的累积取向差

图 1-2-11　ND 样品在 200℃和 1×10⁻³ s⁻¹下压缩变形后的 EBSD
成像图和（0002）极图与局部区域的放大 EBSD 成像图
以及直线 L 上相邻点之间的取向差和相对于第一点的
累积取向差（直线 L 上的晶内取向差）

　　因此，为了避免这种误导，观察了在 300℃和应变速率为 1×10⁻³ s⁻¹下压缩至
0.15 的应变后 ND 和 RD 样品的 SEM 图像。在 ND 样品的 SEM 图像中能够观察到明
显的锯齿状晶界（黑色箭头）。通常，锯齿状晶界、从晶粒内到晶界附近取向差的连
续增大以及原始晶界处亚晶粒的形成都是连续动态再结晶（CDRX）发生的典型特
征[69,72,73]。在塑性变形时，位错容易在晶界处堆积，从而产生应力集中使得晶界发生
弯曲而形成典型的锯齿状晶界。在图 1-2-11（c）中用颜色梯度表示的取向梯度，可以
看出在同一原始晶粒内变形或位错累积的不均匀性。图 1-2-11（d）是沿着图 1-2-11（c）

中直线 L 所示方向上的晶内取向差分布图。可以观察到从晶粒内部到晶界上相对于直线 L 起始点的累积取向差连续增加，这表明原始晶粒内仍然存在强烈的畸变。为了降低应力集中，位错通过重组或合并（动态回复）从而形成了许多位错胞结构和小角度晶界[74]。可以看到在变形晶粒内部和晶界附近存在大量白色的 $2°\sim8°$ 小角度晶界，将原始晶粒分割成好几个部分。随后通过小角度晶界的合并和迁移，在原始晶粒的晶界附近或者晶内首先形成一些亚晶或亚结构；随着应变的增大，再通过不断吸收周围的晶格位错来增大其取向差转变成大角度晶界，最终逐渐形成新的动态再结晶晶粒，即连续动态再结晶。

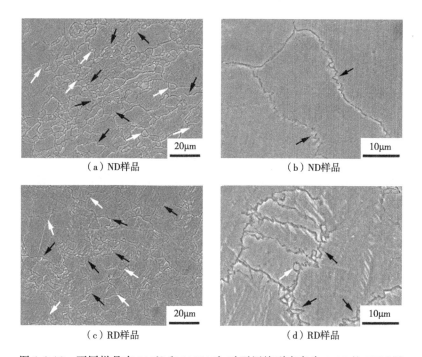

图 1-2-12　不同样品在 300℃和 $1\times10^{-3}\,\mathrm{s}^{-1}$ 下压缩到应变为 0.15 的 SEM 图

此外，在图 1-2-11（c）中的白色 A 和 B 箭头处，原始晶粒晶界处有类似"凸起"状特征。这主要是由于原始晶界附近因局部应变导致晶界发生局部迁移，原始晶界上的扩展"凸起"由压缩变形时晶粒内形成的低角度晶界（黑色 A 和 B 箭头所指）从原始晶粒上"切下"，最终这些低角度晶界不断吸收新的位错逐渐转变成高角度的晶界，随后形成新的再结晶晶粒，因此新晶粒包含有部分原始高角度晶界。这种晶界"凸起"形核机制被认为是非连续动态再结晶（DDRX）。这些特征表明在 200℃和 $1\times10^{-3}\,\mathrm{s}^{-1}$ 的应变速率下，沿 ND 取向压缩时同样有非连续动态再结晶发生。如图 1-2-12（a）所示，在 ND 样品的 SEM 图像中也观察到"凸起"的晶界（白色箭头），并且随着变形的进行最终形成新的动态再结晶晶粒。这进一步表明，随着变形温度的升高，

在 ND 样品中开始出现非连续的动态再结晶。

如图 1-2-13 所示，在 300℃的变形温度下，变形后的组织中除了少数几个未再结晶的晶粒，变形基体基本上实现了完全的动态再结晶，得到细小均匀、平均晶粒尺寸为 2.3 μm 的微观组织结构。此外，在 300℃沿 ND 取向压缩后，样品的基面织构强度进一步增大至 27.0。根据已有的研究[75]，室温下基面滑移的临界分切应力约为非基面滑移的 1/55，在 250℃时约为 1/12。这表明，即使在较高的温度下变形，基面 $<a>$ 滑移仍然是最活跃最容易激活的滑移系，而基面 $<a>$ 滑移通常会促进晶体的旋转，使得晶粒的 c 轴变得与压缩方向平行[76]。因此，沿着 ND 压缩后，基面逐渐旋转到与 ND 取向垂直的方向，从而导致基面织构的增强。

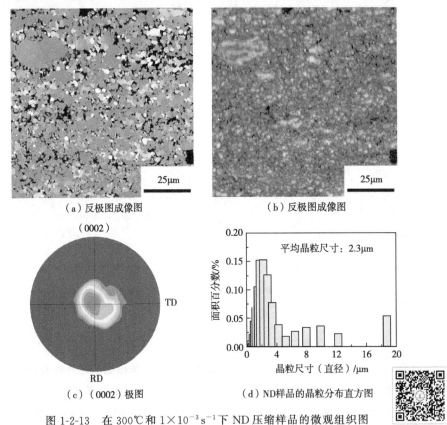

（a）反极图成像图　　　　　　　　（b）反极图成像图

（c）（0002）极图　　　　　　（d）ND 样品的晶粒分布直方图

图 1-2-13　在 300℃和 $1×10^{-3}s^{-1}$ 下 ND 压缩样品的微观组织图

图 1-2-14（a）是沿 RD 取向在 200℃和 $1×10^{-3}s^{-1}$ 下压缩后获得的 EBSD 图，其中 P1～P5 和 T1～T7 分别代表原始晶粒和孪晶。如图 1-2-14（b）所示，一些原始晶粒（P1～P5）分布在（0002）极图的中心或其附近，而变形过程中产生的多数孪晶（T1～T7）则远离极图的中心偏聚于 RD 方向，旋转了约 85°～90°。这些孪晶被认为是 $\{10\bar{1}2\}$ 拉伸孪晶（86.3°）[57,58]。图 1-2-14（c）是沿着图 1-2-14（a）中直线 L 上

相邻点之间的取向差示意图。可以看出，尽管基面织构并不完美的，且在测量取向差角度时存在一定的误差，但原始晶粒和孪晶在晶界处的取向差大约在85°～90°之间。这进一步表明没有发生再结晶的晶粒中也存在 $\{10\bar{1}2\}$ 拉伸孪晶。

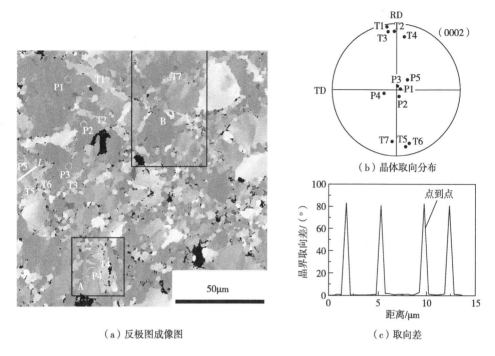

（a）反极图成像图 　　　　　　　　　　　（c）取向差

图 1-2-14　RD 样品在 200℃和 1×10^{-3} s^{-1}下压缩后的反极图成像图以及图中部分原始晶粒和孪晶的晶体取向分布与直线 L 上相邻点之间的取向差

P1～P5—原始晶粒；T1～T7—孪晶

图 1-2-15 （a）给出了图 1-2-14 （a）中区域 A 处的局部放大图，根据图 1-2-15 （b）中原始晶粒和孪晶的取向关系，可以判断这些孪晶是 $\{10\bar{1}2\}$ 拉伸孪晶。在图 1-2-15 （a）的孪晶 T1 和 T3 中可以看到由细白线表示的<8°小角度晶界，并且在孪晶 T1 中同时观察到白细线附近存在由黑细线表示的 8°～15°小角度晶界。2°～8°和 8°～15°的小角度晶界在晶粒内共存表明 T1 拉伸孪晶中的小角度边界已经逐渐向高角度晶界转变。晶粒被众多小角度晶界分割成几个部分，通过小角度晶界的合并和迁移形成大角度晶界，最终形成新的动态再结晶晶粒。另外，在图 1-2-15 （a）中还观察到 T1、T2 和 T3 的孪晶界呈现典型的锯齿状。表明在 200℃和 1×10^{-3} s^{-1}的应变速率下，发生了基于 $\{10\bar{1}2\}$ 孪生的动态再结晶[77,78]，在塑性变形时亦伴随着局部晶界变形，孪晶界与运动位错发生反应最终转变成普通高角度晶界，亦属于连续动态再结晶范畴。

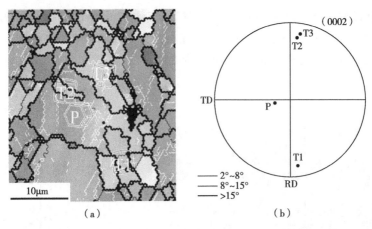

（a）　　　　　　　　　　　　（b）

图 1-2-15　图 1-2-14（a）中区域 A 处局部放大的 EBSD 图
以及部分原始晶粒和孪晶的晶体取向分布图

图 1-2-16（a）为图 1-2-14（a）中区域 B 处的局部放大 EBSD 图，沿原始晶粒晶界可以观察到典型的锯齿状晶界和部分细小的再结晶晶粒。实际上，在 300℃ 和应变速率为 $1\times10^{-3}\,\mathrm{s}^{-1}$ 下压缩至 0.15 的应变后，在 RD 样品的 SEM 图像中也观察到锯齿状晶界（黑色箭头），如图 1-2-12 所示。由于变形过程中位错更容易在晶界附近堆积，

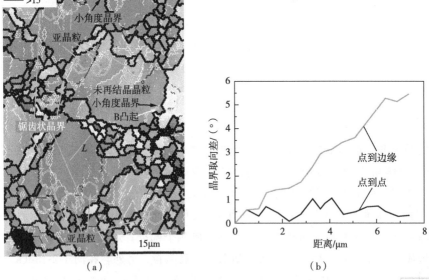

（a）　　　　　　　　　　　　（b）

图 1-2-16　图 1-2-14（a）中区域 B 处的局部放大 EBSD 图以及
直线 L 上相邻点之间的取向差和相对于第一点的累
积取向差（L 上的晶内取向差）

在原始晶界附近会形成许多亚晶或亚结构。从图 1-2-16 (b) 中可以看到，从晶粒内部到晶界，直线 L 上相对于第一点的累积取向差不断增加。这些典型特征表明，在 200℃ 和 $1×10^{-3}s^{-1}$ 的应变速率下，沿 RD 取向进行压缩时主要发生的是连续动态再结晶。此外，在图 1-2-16 (a) 中能够观察到由原始高角度晶界和低角度晶界（由黑色 A 和 B 箭头表示）形成的多个"凸起"（由白色 A 和黑色 B 箭头表示）。晶粒内部的小角度界面逐渐转变为大角度界面，最终将这些"凸起"从原始晶粒上切割下来，完成动态再结晶。如图 1-2-12 所示，在压缩后 RD 样品的 SEM 图像中在晶界上也观察到大量典型的"凸起"（白色箭头），因此，随着变形温度的升高，非连续动态再结晶机制也起到越来越重要的作用。

2.6　本章小结

① 由于镁合金变形机制的激活强烈依赖于晶粒取向和外载荷方向，尤其是在低温（≤200℃）和大的应变速率下压缩变形时，因此镁合金的压缩流变曲线、强度与应变硬化率曲线都表现出高度的各向异性。在沿 ND 方向压缩时，具有高 CRSS 的非基面滑移主导早期变形；沿 45°方向压缩时由基面滑移和 $\{10\bar{1}2\}$ 孪生主导早期变形；沿 RD 方向压缩时则由 $\{10\bar{1}2\}$ 孪生主导早期变形。

② 随着变形温度的升高，不同取向（ND、45°和 RD）镁合金压缩变形行为的各向异性逐渐减弱，这是位错滑移的占比逐渐增加最终主导变形的结果。此外，应变速率敏感指数（m）随着温度的升高而增加，这可以有效地减小局部应力集中，从而使热加工时的材料变形更加均匀。

③ 在较低温度（≤200℃）下沿 ND 方向压缩时，镁合金表现出更高的应变硬化率，尤其是在应变速率较大时，这是因为锥面滑移的启动和 $\{10\bar{1}1\}$ 压缩孪晶的产生都需要较大的激活应力。沿 RD 或 45°方向压缩的镁合金，其在低温下压缩变形时由于利于 $\{10\bar{1}2\}$ 孪晶的激活，致使应变硬化率曲线可以分成明显的三个阶段，而 $\{10\bar{1}2\}$ 孪晶在第 II 阶段的应变硬化中起到细化晶粒的关键作用。但随着变形温度的进一步增大（≥250℃），由位错滑移引起的动态再结晶软化作用占据主导地位，最终使得镁合金的压缩流变曲线和加工硬化率都逐渐趋于相似。

④ 镁合金在 200℃ 下沿 ND 方向压缩时，CDRX 是其主要的动态再结晶机制。但沿 RD 或 45°方向压缩的镁合金，除 CDRX 之外，孪晶动态再结晶（TDRX）也起到了很大的作用。DDRX 也有发生但所占比例很小，不过随着变形温度的升高，DDRX 机制起到的作用越来越重要。

第3章

预置孪晶对轧制AZ31镁合金压缩变形行为的影响

作为最轻的金属结构材料，由于具有高的比强度和比刚度且密度很低，镁及镁合金在汽车制造、航空航天以及通信工程等诸多领域受到了越来越多的关注[4,79]。然而，镁晶体结构为密排六方，低温下用于协调变形能够被激活的滑移系有限，而且变形镁合金通常具有较强的基面织构，这直接导致了镁合金的强度、塑性和成型性十分有限[80]。因此，近年来各种技术手段（如织构调控、合金化[41]、细化晶粒[81]等）都被用来提高和改善镁合金的机械性能。交叉轧制[82]和异步轧制[83]能够改善基面织构，从而有效地提高镁合金在室温下的塑性。Al 作为合金元素可以显著改善镁合金的拉压不对称性。在这些方法中，细化晶粒被认为是提高镁合金力学性能与室温塑性的有效途径[84]。等径角挤压[11]、往复挤压[12]、高压扭转[10]已经被证明能够有效地细化镁合金晶粒并且提高其机械性能。此外，由于缺少滑移系，变形孪晶在镁合金的变形过程中起到了很大作用[60,85-87]。通常，在垂直于 c 轴压缩或者平行于 c 轴拉伸时，$\{10\bar{1}2\}$ 拉伸孪生更容易发生且它启动所需的临界分切应力很小，约为 $2 \sim 2.8\text{MPa}$[88,89]。因此，最近有学者通过预变形在镁合金中引入 $\{10\bar{1}2\}$ 拉伸孪晶来改变微观结构，从而提高合金强度[90]、轧制能力[91]和成型性能[92,93]。首先，大量的预置孪晶晶界能够细化晶粒结构[90]；其次，孪晶能够引起晶体转动[57,94]，例如 $\{10\bar{1}1\}$ 压缩孪晶和 $\{10\bar{1}2\}$ 拉伸孪晶分别能够使基面有一个 56° 和 86° 的转动。通过预变形引入 $\{10\bar{1}2\}$ 孪晶的孪晶界切割细化晶粒能够有效地提高 AZ31 镁合金的强度[57,90,94]，而 $\{10\bar{1}2\}$ 拉伸孪生引起的晶粒转动有利于协调轧板的厚向变形，所以能够有效改善镁合金板材的冲压成型性能[92,93]。

因此，越来越多的学者致力于通过预变形引入 $\{10\bar{1}2\}$ 拉伸孪晶来改善室温下镁合金的机械性能和可成型性[90-93]。然而到目前为止，对预置 $\{10\bar{1}2\}$ 孪晶的镁合金在不同温度下压缩塑性变形行为的研究还没有报道。因此，本章旨在研究在不同温度下

预置 {10$\bar{1}$2} 孪晶对轧制 AZ31 镁合金压缩变形行为的影响及相应的微观组织演变机理。

3.1　预置孪晶 AZ31 镁合金的组织

先将 30mm（RD）×35mm（TD）×30mm（ND）的块状轧制 AZ31 镁合金板在室温下沿其 TD 方向预先施加一个 5.5％的压缩变形量，见图 1-3-1（a）。即在室温条件下垂直于晶粒 c 轴方向预变形，目的是在轧板内引入 {10$\bar{1}$2} 拉伸孪晶。然后在 200℃下进行 6h 低温退火，以在保留孪晶结构的同时消除位错影响。

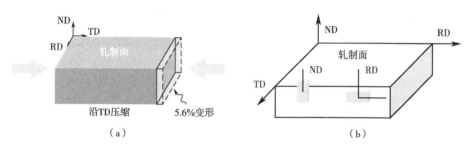

图 1-3-1　沿 TD 方向预压缩示意图及压缩样品取样位置示意图

图 1-3-2 是通过 EBSD 获得的原始样品和预压缩样品在 RD-TD 平面上的（0002）极图和反极图（IPF）。如图 1-3-2（a）所示，原始样品是具有完全再结晶的等轴晶粒，平均晶粒尺寸约为 21.4μm，并且表现出典型的（0001）基面织构，即大部分晶粒中的 c 轴平行于 ND 方向，最大强度达到 20.6。

如图 1-3-2（b）所示，原始轧板在沿 TD 方向预压缩后产生大量的孪晶，并且在 200℃退火 6h 后孪晶仍能被保留。IPF 反极图也揭示出预变形后的样品中存在大量的 {10$\bar{1}$2} 拉伸孪晶，并且几乎没有压缩孪晶和二次孪晶；且预压缩后样品中 {10$\bar{1}$2} 拉伸孪晶的体积分数达到 58％，在一个晶粒内部往往可以观察到多个互相平行的拉伸孪晶。除此之外，在沿 TD 方向预压缩变形后，样品的（0001）基面织构得以弱化使得样品织构强度最大只有 9.9，并且出现新的 c 轴平行于 TD 方向的织构。这是因为预压缩时发生 {10$\bar{1}$2} 拉伸孪生使部分晶粒转动了约 86°[85,86]。

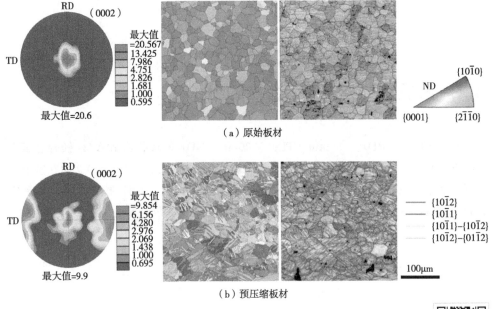

（a）原始板材

（b）预压缩板材

图 1-3-2 （0002）极图和反极图（IPF）

3.2 预置孪晶 AZ31 镁合金的压缩流变曲线

图 1-3-3 是不同温度下沿 ND 和 RD 两个取向进行压缩实验后得到的原始样品和预压缩样品的真应力-应变曲线。无论沿哪个取向进行压缩，原始样品和预压缩样品的流变应力都强烈地依赖于变形温度，并且随着温度的升高而大幅降低。另外，可以非常清楚地看到，原始样品在沿 ND 和 RD 方向压缩时，特别是在低温（≤200℃）下，应力-应变曲线的形状存在显著差异，这表明晶体取向对变形机制有着重要的影响[95,96]。原始样品沿 ND 方向压缩时，应力-应变曲线在整个变形阶段呈现出"下凹"状，这是晶体滑移的典型特征[49]。而在低温（≤200℃）条件下沿 RD 方向压缩时，原始样品的压缩流变曲线则在变形初期表现出"上凹"状，这是 {10$\bar{1}$2} 孪生主导变形的典型特征[13]。但当温度达到 250℃ 和 300℃，沿 ND 和 RD 方向压缩时，两种取向样品的压缩曲线形状变得相似。这被认为是随着变形温度的升高，非基面滑移系的临界分切应力大幅度减小被大量激活并且孪生减少所致[32,69]。

与原始样品相比，预压缩样品在低温（≤200℃）下沿 ND 方向压缩后的流变曲线在变形早期阶段也表现出"上凹"状，表明预压缩样品在沿 ND 取向压缩时激活了 {10$\bar{1}$2} 拉伸孪生。这主要是由于预置 {10$\bar{1}$2} 拉伸孪晶使原始样品中部分孪晶晶粒

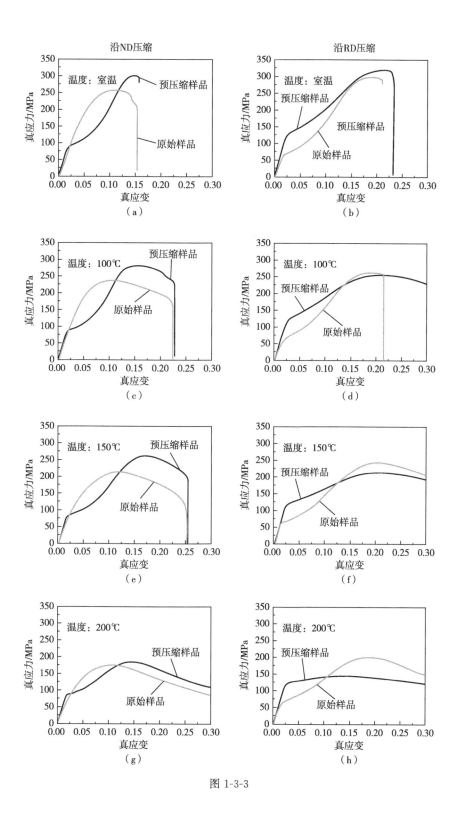

图 1-3-3

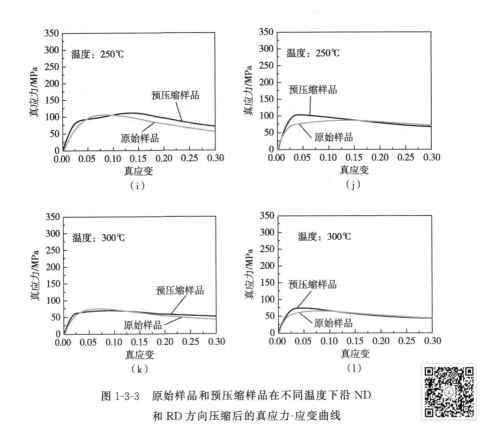

图 1-3-3 原始样品和预压缩样品在不同温度下沿 ND
和 RD 方向压缩后的真应力-应变曲线

转向 TD 方向，形成了 c 轴//TD 方向的织构。因此，当预压缩的样品沿着 ND 压缩时，压缩轴垂直于孪晶区域中部分晶粒的 c 轴，导致在变形的早期阶段中能够产生 $\{10\bar{1}2\}$ 拉伸孪晶。而对于沿 RD 方向压缩的预压缩样品，压缩轴不仅垂直于未孪生区域中晶粒的 c 轴，同时也垂直于孪生区域中晶粒的 c 轴，这也易于变形初期 $\{10\bar{1}2\}$ 拉伸孪晶的形成。但与原始样品相似，预压缩样品在 250℃和 300℃下沿 ND 和 RD 方向压缩时，其压缩流变曲线也呈现几乎相同的形状，曲线的"上凹"状最终消失，同样归因于高温下非基面滑移的激活。

3.3 预置孪晶 AZ31 镁合金的压缩机械性能

表 1-3-1 是原始样品和预压缩样品在不同温度下沿 ND 和 RD 方向压缩后的屈服应力和峰值应力。相较于原始样品，预压缩样品在沿 RD 方向压缩时，尤其是在温度较低时（≤200℃），表现出更高的屈服强度。在室温下沿着 RD 进行压缩时，原始样

品的屈服应力非常低，只有约 63MPa，而预压缩样品的屈服应力增加到 125MPa。与沿 RD 方向压缩的原始试样相比，在室温、100℃、150℃、200℃下压缩的预压缩试样的屈服应力分别提高了 54MPa、58MPa、52MPa 和 51MPa。根据 Hall-Petch 关系 $(\sigma = \sigma_0 + kd^{-1})$[97]，晶粒细化能够增加位错运动的抗力，因而屈服应力的提高可能与 $\{10\bar{1}2\}$ 孪晶片层引起晶粒细化有关。大量孪晶界也可以作为位错滑移的障碍，从而使强度提高[57,98]。此外，随着晶粒尺寸的减小，镁合金中 $\{10\bar{1}2\}$ 拉伸孪生所需的激活应力急剧增加[13]。在预压缩样品中，大量的预置 $\{10\bar{1}2\}$ 孪晶片层能够起到切割细化晶粒的作用。因此，再次压缩变形时，未孪生基体处启动 $\{10\bar{1}2\}$ 孪生所需的激活应力增大。此外，在预置孪晶内部亦能再次发生孪生，其晶粒大小可以用孪晶界之间的宽度表示[99]。而 $\{10\bar{1}2\}$ 孪晶普遍较薄，这就增加了在预压缩样品中发生再次孪生所需的激活应力。因此，预压缩样品在沿 RD 方向压缩时，$\{10\bar{1}2\}$ 拉伸孪晶在未孪生区域和孪生区域启动所需的激活应力增大，使其整体屈服应力得到很大的提高。

表 1-3-1　不同温度下原始样品与预压缩样品的屈服应力和峰值应力

单位：MPa

温度	原始样品/沿 ND 压缩		预压缩样品/沿 ND 压缩		原始样品/沿 RD 压缩		预压缩样品/沿 RD 压缩	
	屈服应力	峰值应力	屈服应力	峰值应力	屈服应力	峰值应力	屈服应力	峰值应力
RT	186±4	262±4	87±3	295±6	65±2	295±3	119±3	312±4
100℃	161±3	240±4	86±2	281±3	60±2	262±3	118±2	257±3
150℃	120±4	215±3	84±4	259±5	65±1	244±1	117±1	206±5
200℃	86±3	175±5	80±3	184±3	63±3	196±5	114±4	137±3
250℃	58±3	106±3	76±2	109±2	57±2	87±1	89±3	110±4
300℃	47±2	76±4	57±2	71±3	47±1	68±1	58±3	74±3

如表 1-3-1 所示，当在较低温度（≤200℃）下沿着 ND 进行压缩时，预压缩样品的屈服应力显著小于原始样品。与沿 ND 压缩的原始样品相比，预压缩样品在室温、100℃、150℃和 200℃压缩时的屈服应力分别下降 99MPa、75MPa、36MPa 和 6MPa。这是因为预压缩过程中产生大量孪晶，部分孪晶发生转动形成晶粒 c 轴//TD 的新织构 [图 1-3-2 (b)]。这样，当预压缩样品沿 ND 方向再压缩时，压缩轴垂直于部分发生转动的孪晶区的晶粒 c 轴，这使得在变形初期 $\{10\bar{1}2\}$ 拉伸孪生发生成为可能。此外，由于原始样品中存在强烈的基面织构 [图 1-3-2 (a)]，当将原始样品沿 ND 方向压缩时，大多数晶粒处于硬取向的状态，这不利于基面滑移和棱柱面滑移的启动，但

有利于<$c+a$>锥面滑移和 $\{10\bar{1}1\}$ 压缩孪生[36,54,67,68]。然而在温度较低时，第二类 <$c+a$>锥面滑移的 CRSS 远远大于 $\{10\bar{1}2\}$ 拉伸孪生和其他滑移系统[36,100]，而 $\{10\bar{1}1\}$ 压缩孪晶的 CRSS（76～153MPa）也远高于 $\{10\bar{1}2\}$ 拉伸孪晶（2～2.8MPa）[13,36,65]。因此，在低温（≤200℃）条件下沿 ND 方向压缩时，预压缩样品的屈服应力主要由 $\{10\bar{1}2\}$ 孪生决定，远低于锥面滑移占主导地位的原始样品的屈服应力。

此外，沿 ND 方向压缩的原始样品的屈服应力随着温度的升高迅速降低。而在温度低于200℃时，沿 RD 方向压缩的原始样品和沿 ND 或 RD 方向压缩的预压缩样品的屈服应力几乎保持恒定。前面已经提到过，对于沿 ND 压缩的原始样品，非基面滑移主导早期变形，而 $\{10\bar{1}2\}$ 孪生主导了其他三种形式的变形。非基面滑移系统的 CRSS 随着温度的升高而减小[59-62]，基面滑移和 $\{10\bar{1}2\}$ 孪生的 CRSS 却几乎不受温度的影响[15,32,49]。但随着温度升高（250℃、300℃），非基面滑移系的大量激活最终导致原始样品和预压变形样品的逐渐趋于相近（表 1-3-1）。

3.4　预置孪晶 AZ31 镁合金的压缩应变硬化率

图 1-3-4 是原始样品和预压缩样品在不同温度下沿不同方向压缩时的应变硬化率曲线。在低温（≤200℃）下原始样品沿 ND 压缩时表现出最高的应变硬化率。之前已经提到过，由于镁合金自身的特殊结构，其变形模式的激活强烈地依赖晶粒取向及外载荷方向[66]。原始样品沿 ND 压缩时，样品中大部分晶粒处于硬取向，这只有利于具有高 CRSS 的<$c+a$>锥面滑移和 $\{10\bar{1}1\}$ 压缩孪晶的激活，因而表现出很高的应变硬化率。但随着变形温度的升高，应变硬化率逐渐降低，这是因为非基面滑移系的 CRSS 随着变形温度的升高而大幅降低[101]。

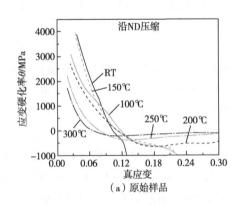

（a）原始样品

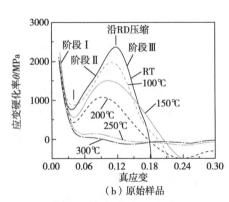

（b）原始样品

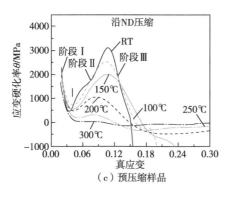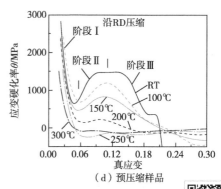

图 1-3-4　不同样品在不同温度下沿不同方向
压缩时的应变硬化率曲线

相反，在较低温度（≤200℃）下，由于沿 RD 方向压缩的原始样品以及沿 RD 和 ND 方向压缩的预压缩样品在早期变形阶段有利于具有低 CRSS 的 {10$\bar{1}$2} 拉伸孪晶的激活，导致应变硬化率曲线被分成明显的三个阶段 ［图 1-3-4（b）～（d）］。第 I 阶段：随着应变量的增大，应变硬化率迅速减小；第 II 阶段：应变硬化率随着应变的增大而增大；第Ⅲ阶段：应变硬化率随着应变的增大再次减小。第 II 阶段应变硬化率的增大与大量 {10$\bar{1}$2} 孪晶晶界形成有关[40,101]，基体中 {10$\bar{1}$2} 孪晶晶界能够达到细化晶粒结构并阻碍位错运动的作用，从而增大第 II 阶段的应变硬化率；并且 {10$\bar{1}$2} 孪生的启动能够引起晶体转动，使晶体由软取向转向硬取向，通过织构强化作用进一步增大第 II 阶段的应变硬化率[13,48,71]。但随着变形温度的增大，第 II 阶段的应变硬化率逐渐减小最终消失，这是因为变形温度的升高使孪晶的激活大幅减少，主要的变形机制由孪生向位错滑移转变[32,69]。当温度达到 250℃ 或者更高时，塑性变形被位错滑移引起的动态再结晶软化主导，应变硬化率曲线最终都趋于相似的形状。

3.5　预置孪晶 AZ31 镁合金的压缩变形微观组织

图 1-3-5（a）中原始样品沿 ND 方向压缩到 0.05 应变后，微观组织中几乎观察不到孪晶结构。这是由于平行于晶粒 c 轴压缩时有利于 {10$\bar{1}$1} 压缩孪晶的发生，但室温下其启动所需的 CRSS 很大[102,103]，因而在低的应变阶段很难被激活。相比之下，图 1-3-5（b）中压缩后的预压缩样品中有大量孪晶形成［远多于预压缩后的样品，见图 1-3-2（b）］。如图 1-3-2（b）中的（0002）极图所示，预压缩后的样品中出现新的晶粒 c 轴//TD 方向的织构，即孪生区域部分晶粒的 c 轴转向 TD 方向。所以将预压

缩的样品沿 ND 方向再次压缩时压缩轴垂直于孪生区部分晶粒的 c 轴，使 {10$\bar{1}$2} 拉伸孪晶能够在这些孪生区域激活。图 1-3-6（b）是室温下预压缩样品沿 ND 方向再压缩到 0.05 应变时的 SEM 图像。可以看到在单个原始晶粒内除了有多个相互平行的孪晶形成，还有一些孪晶呈现相互交叉的状态。

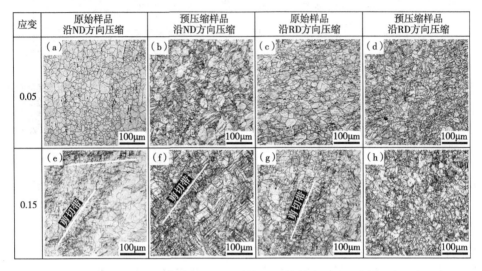

图 1-3-5 室温下沿不同方向压缩到不同应变处原始样品和预压缩样品的金相组织

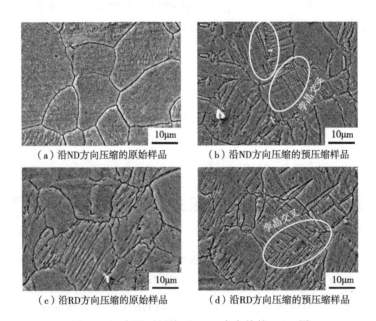

（a）沿 ND 方向压缩的原始样品　　（b）沿 ND 方向压缩的预压缩样品

（c）沿 RD 方向压缩的原始样品　　（d）沿 RD 方向压缩的预压缩样品

图 1-3-6 室温下压缩至 0.05 应变处的 SEM 图

如图 1-3-5（c）所示，当原始样品沿 RD 方向压缩到 0.05 应变后，由于压缩轴垂

直于晶粒 c 轴利于拉伸孪晶的激活，光镜下微观组织中可以看到有大量 $\{10\bar{1}2\}$ 孪晶生成；并且在一个晶粒内部往往形成多个孪晶，且它们之间互相平行［图 1-3-6（c）］。而预压缩样品沿 RD 方向压缩时，压缩轴既垂直于未孪生区域晶粒的 c 轴也垂直于已孪生区晶粒的 c 轴，这十分利于 $\{10\bar{1}2\}$ 拉伸孪晶的生成。所以在图 1-3-6（d）中可以看到大量孪晶，并且亦观察到单个晶粒内部孪晶之间相互交叉的现象。

室温下当原始样品沿 ND 压缩到 0.15 应变时，有针状的压缩孪晶出现［图 1-3-5（e）］，并且在沿 ND 和 RD 压缩后的原始样品与沿 ND 压缩后的预压缩样品中都能明显观察到孪生剪切带形成。在图 1-3-5 中可以看到相比于原始样品，当压缩到 0.15 应变时预压缩样品能够形成更多的孪晶和孪晶交叉结构。实际上，对于预压缩样品（ND 和 RD），当压缩到 0.15 应变时由于大量孪晶的形成，在大多数区域里已经观察不到清晰的晶界了［图 1-3-5（f）、（h）］。

图 1-3-7 是 200℃下沿不同方向压缩到不同应变处的原始样品和预压缩样品的金

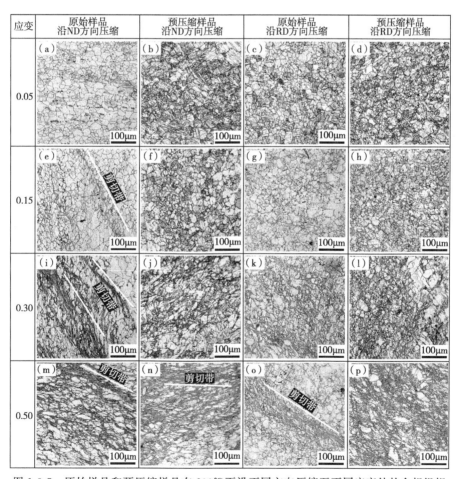

图 1-3-7　原始样品和预压缩样品在 200℃下沿不同方向压缩至不同应变处的金相组织

相组织。如图 1-3-7（a）～（d）所示，相较于原始样品由于预压缩样品中存在大量预孪晶晶界，在 200℃ 下压缩到 0.05 的应变时，预压缩样品能形成更高密度的变形孪晶及孪晶间的交叉结构。当原始样品沿 ND 压缩至 0.15 应变处时，变形后的组织中有明显的动态再结晶现象发生，许多细小的再结晶晶粒沿晶界和剪切带分布，见图 1-3-7（e）；并且随着应变的增大，原始样品中有更多的剪切带形成，见图 1-3-7（i）。除了沿晶界形成的再结晶晶粒，沿 RD 方向压缩的原始样品［图 1-3-7（g）］与沿 ND 和 RD 压缩的预压缩样品［图 1-3-7（f）、（h）］在孪晶以及孪晶之间相互的交叉区域也有细小的再结晶晶粒形成。另外从图 1-3-7 中可以看出，不论哪个条件下的样品随着应变的增大动态再结晶的体积分数都不断增加[74]。沿 RD 方向压缩到 0.5 应变时，预压缩样品比原始样品表现出更充分的动态再结晶，而动态再结晶作为一种有效的软化和晶粒细化机制，这就能够解释图 1-3-3 中 200℃ 时预压缩样品比原始样品展现出更加明显的流变软化现象。

图 1-3-8 是 200℃ 下样品压缩到 0.30 应变处的微观结构 SEM 图。在图 1-3-8（a）原始样品沿 ND 压缩后的组织中能够观察到锯齿状晶界，并且动态再结晶晶粒也主要沿锯齿状晶界形成。而锯齿状晶界的形成通常与局部位错密度变化引起的动态回复和亚结构的边界拉伸有关[104,105]，这被认为是连续动态再结晶的典型特征[69,72,73]。因而原始样品在 200℃ 下沿 ND 压缩时，CDRX 被认为是主要的动态再结晶机制。另外三种条件下，微观组织中不仅出现了因 DRV 形成的锯齿状晶界和因 CDRX 形成的动态再结晶晶粒，而且在孪晶内部也出现了动态再结晶晶粒，见图 1-3-8（b）～（d）。在

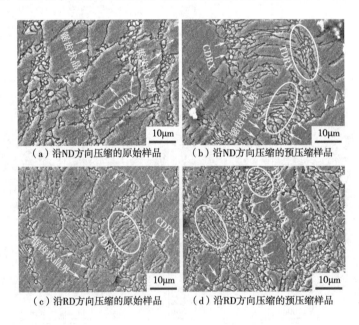

（a）沿 ND 方向压缩的原始样品　　（b）沿 ND 方向压缩的预压缩样品

（c）沿 RD 方向压缩的原始样品　　（d）沿 RD 方向压缩的预压缩样品

图 1-3-8　200℃ 下压缩至 0.30 应变处的 SEM 图

图 1-3-8 （c）原始样品沿 RD 压缩后的组织中可以看到细小的再结晶晶粒在孪晶及孪晶晶界处出现，而图 1-3-8 （b）、（d）中预压缩样品沿 ND 和 RD 压缩后在孪晶与孪晶交叉部分也有再结晶晶粒的形成，并且沿 RD 压缩后的预压缩样品再结晶度明显更高。在 200℃下，这种与孪生相关的再结晶机制（TDRX）与 CDRX 机制共同作用于这三种条件下的塑性变形。

　　图 1-3-9 中在 300℃下原始样品和预压缩样品在相同的应变量下都表现出相类似的微观结构。当压缩到 0.05 应变时，原始样品的微观组织中几乎观察不到孪晶结构，并且预压缩样品中预置的拉伸孪晶也基本上消失，见图 1-3-9 （a）～（d）。随着应变的增大，动态再结晶更加明显。当应变达到 0.50 时，除了仅有的几个未再结晶的晶粒，样品几乎实现了完全再结晶，其大部分区域都被细小均匀的再结晶晶粒占据，见图 1-3-9

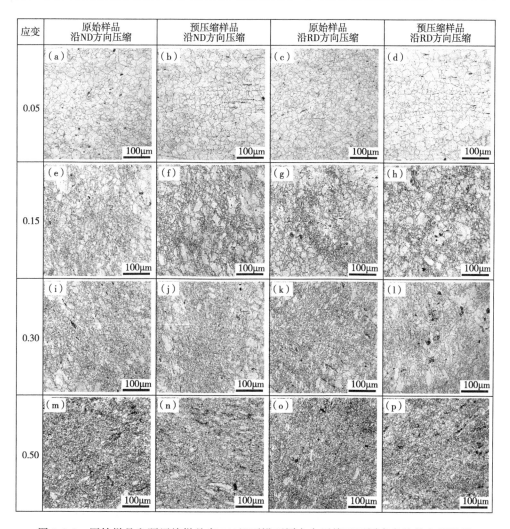

图 1-3-9　原始样品和预压缩样品在 300℃下沿不同方向压缩至不同应变处的金相组织

（m）～（p）。在300℃下压缩时非基面滑移系的激活促进了动态再结晶的发生，但高温抑制原始样品和预压缩样品再压缩时孪晶的形成，这被认为是原始样品和预压缩样品在300℃下压缩时表现出几乎相同的流变曲线的主要原因［图1-3-3（k）、（l）］。

图1-3-10是300℃下样品压缩到0.15应变处的微观结构SEM图。可以看到原始样品的高角度晶界迁移形成"凸起"（白色箭头处），而这些"凸起"最终从原始晶粒上切割分裂下来，通过不断吸收周围的晶格位错最终形成新的再结晶晶粒（红色箭头处）。有趣的是在高温下（300℃）进行压缩时，再结晶晶粒形成主要与晶界迁移有关，而与中温（200℃）下的锯齿状晶界（黑色箭头处）无关，这可能是因为温度的升高使晶界具有更高的迁移能力[74]。这种通过原始高角度晶界"凸起"在随后变形中逐渐形成的新的再结晶晶粒是非连续动态再结晶的典型特征[72,106]。因此，当原始样品和预压缩样品在300℃进行压缩变形时CDRX不再主导再结晶，DDRX最终成为主要的动态再结晶机制。

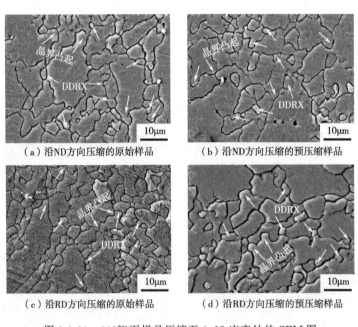

（a）沿ND方向压缩的原始样品　　　（b）沿ND方向压缩的预压缩样品

（c）沿RD方向压缩的原始样品　　　（d）沿RD方向压缩的预压缩样品

图1-3-10　300℃下样品压缩至0.15应变处的SEM图

3.6　本章小结

① 当沿RD方向压缩时，预压缩镁合金样品比原始样品表现出更高的屈服应力。预压缩样品在RT、100℃、150℃和200℃下压缩后的屈服强度分别增大了54MPa、

58MPa、52MPa 和 51MPa。其中一个原因是预变形引入的 $\{10\bar{1}2\}$ 孪晶片层细化了晶粒，从而导致屈服强度提高。此外，在较薄的预置孪晶中发生二次孪生时激活应力的增加也有助于预压缩样品压缩屈服应力的增大。

② 当沿 ND 方向压缩时，预压缩样品的屈服应力相较于原始样品在 RT、100℃、150℃ 和 200℃ 下分别减小了 99MPa、75MPa、36MPa 和 6MPa。这归功于预压缩过程中大多数晶粒发生孪生并伴有新的 c 轴//TD 方向的织构形成。当对预压缩样品进行再压缩时，由于压缩轴垂直于孪生区部分晶粒的 c 轴，使在早期变形阶段 $\{10\bar{1}2\}$ 孪晶能够很容易被激活，导致其压缩强度大幅降低。

③ 在 200℃ 以下沿 ND 方向压缩时，原始样品表现出更高的应变硬化率，这是由于锥面滑移的启动和 $\{10\bar{1}1\}$ 压缩孪晶的产生都需要较大的激活应力。但沿 RD 压缩的原始样品以及预压缩样品，在低温下压缩变形时由于利于 $\{10\bar{1}2\}$ 孪晶的激活，致使应变硬化率曲线可以分成明显的三个阶段。随着变形温度的进一步增大（≥250℃），由位错滑移引起的动态再结晶软化作用使得原始样品和预压缩样品的压缩流变曲线与加工硬化率曲线最终都逐渐趋于相似。

④ 原始样品在 200℃ 下沿 ND 方向压缩时，CDRX 是其主要的动态再结晶机制。但沿 RD 压缩的原始样品以及预压缩样品，除 CDRX 之外，孪晶动态再结晶（TDRX）也起到了很大的作用。当温度达到 300℃ 时，在压缩变形过程中 DDRX 最终成为主要的动态再结晶机制。

参考文献

［1］ 陈振华. 变形镁合金 ［M］. 北京：化学工业出版社，2005.

［2］ 刘静安. 镁合金加工技术的发展趋势与开发应用前景 ［J］. 四川有色金属，2005，4：1-10.

［3］ 丁文江，吴玉娟，彭立明，等. 高性能镁合金研究及应用的新进展 ［J］. 中国材料进展，2010，29：37-45.

［4］ Mordike B L，Ebert T. Magnesium：Properties applications-potential ［J］. Materials Science and Engineering A，2001，302 (1)：37-45.

［5］ Kulekci M K. Magnesium and its alloys applications in automotive industry ［J］. The International Journal of Advanced Manufacturing Technology，2008，39 (9-10)：851-865.

［6］ Pollock T M. Weight Loss with Magnesium Alloys ［J］. Science，2010，328 (5981)：986-987.

［7］ 轻金属材料加工手册编写组. 轻金属材料加工手册：上册 ［M］. 北京：冶金工业出版社，1979.

［8］ 黎文献. 镁及镁合金 ［M］. 长沙：中南大学出版社，2005.

［9］ 陈振华，夏伟军，严红革，等. 镁合金材料的塑性变形理论及其技术 ［J］. 化工进展，2004，23 (2)：127-135.

［10］ Alizadeh R，Mahmudi R，Ngan A H W，et al. Superplasticity of a nano-grained Mg-Gd-Y-Zr alloy processed by high-pressure torsion ［J］. Materials Science & Engineering A，2016，651：786-794.

［11］ Minárik P，Veselý J，Král R，et al. Exceptional mechanical properties of ultra-fine grain Mg-4Y-3RE alloy processed by ECAP ［J］. Materials Science & Engineering A，2017，708：193-198.

［12］ Lin J，Wang X，Ren W，et al. Enhanced Strength and Ductility Due to Microstructure Refinement and Texture Weakening of the GW102K Alloy by Cyclic Extrusion Compression ［J］. Journal of Materials Science & Technology，2016，32 (8)：783-789.

［13］ Barnett M R，Keshavarz Z，Beer A G，et al. Influence of grain size on the compressive deformation of wrought Mg-3Al-1Zn ［J］. Acta Materialia，2004，52 (17)：5093-5103.

［14］ Hong S G，Park S H，Chong S L. Role of $\{10\bar{1}2\}$ twinning characteristics in the deformation behavior of a polycrystalline magnesium alloy ［J］. Acta Materialia，2010，58 (18)：5873-5885.

［15］ Barnett M R. A taylor model based description of the proof stress of magnesium AZ31 during hot working ［J］. Metallurgical & Materials Transactions A，2003，34 (9)：1799-1806.

［16］ Ma J，Yang X，Sun H，et al. Anisotropy in the mechanical properties of AZ31 magnesium alloy after being compressed at high temperatures (up to 823K) ［J］. Materials Science & Engineering A，2013，584 (6)：156-162.

［17］ Jiang M G，Yan H，Chen R S. Twinning，recrystallization and texture development during multi-directional impact forging in an AZ61 Mg alloy ［J］. Journal of Alloys and Compounds，2015，650：399-409.

［18］ Ardeljan M，Beyerlein I J，Mcwillialms B A，et al. Strain rate and temperature sensitive multi-level crystal plasticity model for large plastic deformation behavior：Application to AZ31 magnesium alloy ［J］. International Journal of Plasticity，2016，83：90-109.

［19］ Al-Samman T，Gottstein G. Room temperature formability of a magnesium AZ31 alloy：Examining the role of texture on the deformation mechanisms ［J］. Materials Science & Engineering A，2008，488 (1-2)：406-414.

[20] Yin D L, Zhang K F, Wang G F, et al. Warm deformation behavior of hot-rolled AZ31 Mg alloy [J]. Materials Science & Engineering A, 2005, 392 (1-2): 320-325.

[21] Yi S, Bohlen J, Heinemann F, et al. Mechanical anisotropy and deep drawing behaviour of AZ31 and ZE10 magnesium alloy sheets [J]. Acta Materialia, 2010, 58 (2): 592-605.

[22] 杨倩. 镁合金织构及对力学各向异性影响的研究 [D]. 武汉：武汉科技大学，2013.

[23] 余永宁. 材料科学基础 [M]. 北京：高等教育出版社，2006.

[24] 李娜丽. 初始组织及变形条件对 AZ31 镁合金热挤压组织和织构演变的影响研究 [D]. 重庆：重庆大学，2013.

[25] 汪炳叔. 初始取向及变形条件对 AZ31 镁合金压缩塑性行为影响的研究 [D]. 重庆：重庆大学，2012.

[26] 陈先华，汪小龙，张志华. 镁合金动态再结晶的研究现状 [J]. 兵器材料科学与工程，2013, 36 (1): 148-152.

[27] 陈振华，许芳艳，傅定发，等. 镁合金的动态再结晶 [J]. 化工进展，2006, 25 (2): 140-146.

[28] 刘楚明，刘子娟，朱秀荣，等. 镁及镁合金动态再结晶研究进展 [J]. 中国有色金属学报，2006, 16 (1): 1-12.

[29] del Valle J A, Pérez-Prado M T, Ruano O A. Texture evolution during large-strain hot rolling of the Mg AZ61 alloy [J]. Materials Science & Engineering A, 2003, 355 (1): 68-78.

[30] Ion S E, Humphreys F J, White S H. Dynamic recrystallisation and the development of microstructure during the high temperature deformation of magnesium [J]. Acta Metallurgica, 1982, 30 (10): 1909-1919.

[31] Al-Samman T, Gottstein G. Dynamic recrystallization during high temperature deformation of magnesium [J]. Metallurgical Transactions, 2008, 490 (1-2): 411-420.

[32] Chapuis A, Driver J H. Temperature dependency of slip and twinning in plane strain compressed magnesium single crystals [J]. Acta Materialia, 2011, 59 (5): 1986-1994.

[33] Rodriguez A K, Ayoub G A, Mansoor B, et al. Effect of strain rate and temperature on fracture of magnesium alloy AZ31B [J]. Acta Materialia, 2016, 112: 194-208.

[34] Sanjari M, Farzadfar S A, Jung I H, et al. Influence of strain rate on hot deformation behaviour and texture evolution of AZ31B [J]. Materials Science & Technology, 2011, 28 (4): 437-447.

[35] Wang B S, Xin R L, Huang G J, et al. Strain rate and texture effects on microstructural characteristics of Mg-3Al-1Zn alloy during compression [J]. Scripta Materialia, 2012, 66 (5): 239-242.

[36] Wan G, Wu B L, Zhang Y D, et al. Anisotropy of dynamic behavior of extruded AZ31 magnesium alloy [J]. Materials Science & Engineering A, 2010, 527 (12): 2915-2924.

[37] Jäger A, Lukáča P, Gärtnerová V, et al. Influence of annealing on the microstructure of commercial Mg alloy AZ31 after mechanical forming [J]. Materials Science & Engineering A, 2006, 432 (1): 20-25.

[38] Zhang H, Huang G, Kong D, et al. Influence of initial texture on formability of AZ31B magnesium alloy sheets at different temperatures [J]. Journal of Materials Processing Technology, 2011, 211 (10): 1575-1580.

[39] Dudamell N V, Ulacia I, Gálvezc F, et al. Influence of texture on the recrystallization mechanisms in an AZ31 Mg sheet alloy at dynamic rates [J]. Materials Science & Engineering A, 2012, 532 (1):

528-535.

［40］ Jiang L，Jonas J J，Mishra R K，et al. Twinning and texture development in two Mg alloys subjected to loading along three different strain paths [J]. Acta Materialia，2007，55 (11)：3899-3910.

［41］ Suh J，Victoria-hernández J，Letzig D，et al. Effect of processing route on texture and cold formability of AZ31 Mg alloy sheets processed by ECAP [J]. Materials Science & Engineering A，2016，669：159-170.

［42］ 黄晓锋，朱凯，曹喜娟. 主要合金元素在镁合金中的作用 [J]. 铸造技术，2008，29 (11)：1574-1578.

［43］ Wang Y N，Huang J C. The role of twinning and untwinning in yielding behavior in hot-extruded Mg-Al-Zn alloy [J]. Acta Materialia，2007，55 (3)：897-905.

［44］ Prasd Y V R K，Rao K P. Effect of crystallographic texture on the kinetics of hot deformation of rolled Mg-3Al-1Zn alloy plate [J]. Materials Science & Engineering A，2006，432 (1)：170-177.

［45］ Kurukuri S，Worswick M J，Ghaffari T D，et al. Rate sensitivity and tension-compression asymmetry in AZ31B magnesium alloy sheet [J]. Philosophical Transactions，2015，372：1-16.

［46］ Xiong Y，Jiang Y. Cyclic deformation and fatigue of rolled AZ80 magnesium alloy along different material orientations [J]. Materials Science & Engineering A，2016，677：58-67.

［47］ Wang M，Xin R，Wang B，et al. Effect of initial texture on dynamic recrystallization of AZ31 Mg alloy during hot rolling [J]. Materials Science & Engineering A，2011，528 (6)：2941-2951.

［48］ Wang B，XIN R，Huang G，et al. Effect of crystal orientation on the mechanical properties and strain hardening behavior of magnesium alloy AZ31 during uniaxial compression [J]. Materials Science & Engineering A，2012，534 (2)：588-593.

［49］ Ulacia I，Dudamell N V，Gálvez F，et al. Mechanical behavior and microstructural evolution of a Mg AZ31 sheet at dynamic strain rates [J]. Acta Materialia，2010，58 (8)：2988-2998.

［50］ Barnett M R，Keshavarz Z，Beer A G，et al. Influence of grain size on compressive deformation of wrought Mg-3Al-1Zn [J]. Acta Materialia，2004，52 (17)：5093-5103.

［51］ Ishikawa K，Watanabe H，Mukai T. High strain rate deformation behavior of an AZ91 magnesium alloy at elevated temperatures [J]. Materials Letters，2005，59 (12)：1511-1515.

［52］ Trojanová Z，Lukáč P. Compressive deformation behaviour of magnesium alloys [J]. Journal of Materials Processing Technology，2005，162-163：416-421.

［53］ Máthis K，Trojanová Z，Lukáč P. Hardening and softening in deformed magnesium alloys [J]. Materials Science & Engineering A，2002，324 (1-2)：141-144.

［54］ Choi S H，Kim J K，Kim B J，et al. The effect of grain size distribution on the shape of flow stress curves of Mg-3Al-1Zn under uniaxial compression [J]. Materials Science & Engineering A，2008，488 (1)：458-467.

［55］ Figueiredo R B，Száraz Z，Trojanová Z，et al. Significance of twinning in the anisotropic behavior of a magnesium alloy processed by equal-channel angular pressing [J]. Scripta Materialia，2010，63 (5)：504-507.

［56］ Ceres C H，Blake A H. On the strain hardening behaviour of magnesium at room temperature [J]. Materials Science & Engineering A，2007，462 (1-2)：193-196.

［57］ Xin Y，Wang M，Zeng Z，et al. Strengthening and toughening of magnesium alloy by $\{10\bar{1}2\}$ extension twins [J]. Scripta Materialia, 2012, 66 (1): 25-28.

[58] Song B, Xin R, Chen G, et al. Improving tensile and compressive properties of magnesium alloy plates by pre-cold rolling [J]. Scripta Materialia, 2012, 66 (12): 1061-1064.

[59] del Valle1 J A, Pérez-Prado M T, Ruano O A. Deformation mechanisms responsible for the high ductility in a Mg AZ31 alloy analyzed by electron backscattered diffraction [J]. Metallurgical & Materials Transactions A, 2005, 36 (6): 1427-1438.

[60] Agnew S R, Duygulu Ö. Plastic anisotropy and the role of non-basal slip in magnesium alloy AZ31B [J]. International Journal of Plasticity, 2005, 21 (6): 1161-1193.

[61] Vagarali S S, Langdon T G. Deformation mechanisms in HCP. metals at elevated temperatures-Ⅰ: Creep behavior of magnesium [J]. Acta Metallurgica, 1981, 29 (12): 1969-1982.

[62] Couret A, Caillard D. An in situ study of prismatic glide in magnesium-Ⅱ: Microscopic activation parameters [J]. Acta Metallurgica, 1985, 33 (8): 1455-1462.

[63] Zhu F J, Wu H Y, Lin M C, et al. Hot workability analysis and development of a processing map for homogenized 6069 Al alloy cast ingot [J]. Journal of Materials Engineering & Performance, 2015, 24 (5): 2051-2059.

[64] Quan G Z, Ku T W, Song W J, et al. The workability evaluation of wrought AZ80 magnesium alloy in hot compression [J]. Materials & Design, 2011, 32 (4): 2462-2468.

[65] Barnett M R. Influence of deformation conditions and texture on the high temperature flow stress of magnesium AZ31 [J]. Journal of Light Metals, 2001, 1 (3): 167-177.

[66] Choi S H, Shin E J, Seong B S. Simulation of deformation twins and deformation texture in an AZ31 Mg alloy under uniaxial compression [J]. Acta Materialia, 2007, 55 (12): 4181-4192.

[67] Jiang J, Godfrey A, Liu W, et al. Microtexture evolution via deformation twinning and slip during compression of magnesium alloy AZ31 [J]. Materials Science & Engineering A, 2008, 483-484: 576-579.

[68] Koike J, Ohyama R. Geometrical criterion for the activation of prismatic slip in AZ61 Mg alloy sheets deformed at room temperature [J]. Acta Materialia, 2005, 53 (7): 1963-1972.

[69] Chio S H, Kim D H, Lee H W, et al. Evolution of the deformation texture and yield locus shape in an AZ31 Mg alloy sheet under uniaxial loading [J]. Materials Science & Engineering A, 2009, 526 (1-2): 38-49.

[70] Jiang L, Jonas J J, Luo A A, et al. Twinning-induced softening in polycrystalline AM30 Mg alloy at moderate temperatures [J]. Scripta Materialia, 2006, 54 (5): 771-775.

[71] Knezevic M, Levinson A, Harris R, et al. Deformation twinning in AZ31: Influence on strain hardening and texture evolution [J]. Acta Materialia, 2010, 58 (19): 6230-6242.

[72] Zhang J, Chen B, Liu C. An investigation of dynamic recrystallization behavior of ZK60-Er magnesium alloy [J]. Materials Science & Engineering A, 2014, 612 (1): 253-266.

[73] Xia X, Zhang K, Li X, et al. Microstructure and texture of coarse-grained Mg-Gd-Y-Nd-Zr alloy after hot compression [J]. Materials & Design, 2013, 44: 521-527.

[74] Chan H P, Oh C S, Kim S. Dynamic recrystallization of the H- and O-tempered Mg AZ31 sheets at elevated temperatures [J]. Materials Science & Engineering A, 2012, 542: 1271-39.

[75] Suzuki M, Sato H, Maruyama K, et al. Creep deformation behavior and dislocation substructures of

Mg-Y binary alloys [J]. Materials Science & Engineering A, 2001, 319: 751-755.

[76] Liu Y, Wu X. An electron-backscattered diffraction study of the texture evolution in a coarse-grained AZ31 magnesium alloy deformed in tension at elevated temperatures [J]. Metallurgical & Materials Transactions A, 2006, 37 (1): 7-17.

[77] Ma Q, Li B, Marin E B, et al. Twinning-induced dynamic recrystallization in a magnesium alloy extruded at 450℃ [J]. Scripta Materialia, 2011, 65 (9): 823-826.

[78] Xu S W, Kamado S, Honma T. Recrystallization mechanism and the relationship between grain size and Zener-Hollomon parameter of Mg-Al-Zn-Ca alloys during hot compression [J]. Scripta Materialia, 2010, 63 (3): 293-296.

[79] Aghion E, Bronfin B. Magnesium Alloys Development towards the 21st Century [J]. Materials Science Forum, 2000, 350-351: 19-30.

[80] Gall S, Coelho R S, Muller S, et al. Mechanical properties and forming behavior of extruded AZ31 and ME21 magnesium alloy sheets [J]. Materials Science & Engineering A, 2013, 579 (2): 180-187.

[81] Minárik P, Krála R, Čížekb J, et al. Effect of different c/a ratio on the microstructure and mechanical properties in magnesium alloys processed by ECAP [J]. Acta Materialia, 2016, 107: 83-95.

[82] Kim D G, Son H T, Kim D W, et al. The effect of texture and strain conditions on formability of cross-roll rolled AZ31 alloy [J]. Journal of Alloys and Compounds, 2011, 509 (39): 9413-9418.

[83] Luo D, Wang H Y, Zhao L G, et al. Effect of differential speed rolling on the room and elevated temperature tensile properties of rolled AZ31 Mg alloy sheets [J]. Materials Characterization, 2016, 124: 223-228.

[84] Yin D L, Wang J T, Liu J Q, et al. On tension-compression yield asymmetry in an extruded Mg-3Al-1Zn alloy [J]. Journal of Alloys and Compounds, 2009, 478 (1): 789-795.

[85] Barnett M R. Twinning and the ductility of magnesium alloys : Part Ⅱ: "Contraction" twins [J]. Materials Science & Engineering A, 2007, 464 (1): 8-16.

[86] Barnett M R. Twinning and the ductility of magnesium alloys : Part Ⅰ: "Tension" twins [J]. Materials Science & Engineering A, 2007, 464 (1): 1-7.

[87] Lou X Y, Li M, Boger R K, et al. Hardening evolution of AZ31B Mg sheet [J]. International Journal of Plasticity, 2007, 23 (1): 44-86.

[88] Yang P, Yu Y, Chen L, et al. Experimental determination and theoretical prediction of twin orientations in magnesium alloy AZ31 [J]. Scripta Materialia, 2004, 50 (8): 1163-1168.

[89] Koike J. Enhanced deformation mechanisms by anisotropic plasticity in polycrystalline Mg alloys at room temperature [J]. Metallurgical & Materials Transactions A, 2005, 36 (7): 1689-1696.

[90] Chen H, Liu T, Hou D, et al. Improving the mechanical properties of a hot-extruded AZ31 alloy by {1012} twinning lamella [J]. Journal of Alloys and Compounds, 2016, 680: 191-197.

[91] Xin Y, Wang M, Zeng Z, et al. Tailoring the texture of magnesium alloy by twinning deformation to improve the rolling capability [J]. Scripta Materialia, 2011, 64 (10): 986-989.

[92] He W, Zeng Q, Yu H, et al. Improving the room temperature stretch formability of a Mg alloy thin sheet by pre-twinning [J]. Materials Science & Engineering A, 2016, 655: 1-8.

[93] Park S H, Hong S G, Chong S L. Enhanced stretch formability of rolled Mg-3Al-1Zn alloy at room temperature by initial {10$\bar{1}$2} twins [J]. Materials Science & Engineering A, 2013, 578 (9): 271-

276.

［94］Xu S，Liu T，He J，et al. The interrupted properties of an extruded Mg alloy［J］. Materials & Design，2013，45（6）：166-170.

［95］Brown D W，Agnew S R，Bourke M A M，et al. Internal strain and texture evolution during deformation twinning in magnesium［J］. Materials Science & Engineering A，2005，399（1）：1-12.

［96］Yi S B，Davies C H J，Brokmeier H G，et al. Deformation and texture evolution in AZ31 magnesium alloy during uniaxial loading［J］. Acta Materialia，2006，54（2）：549-562.

［97］Dudamell N V，Ulacia I，Gálvez F，et al. Twinning and grain subdivision during dynamic deformation of a Mg AZ31 sheet alloy at room temperature［J］. Acta Materialia，2011，59（18）：6949-6962.

［98］Myshlyaev M M，Mcqueen H J，Mwembel A A，et al. Twinning，dynamic recovery and recrystallization in hot worked Mg-Al-Zn alloy［J］. Materials Science & Engineering A，2002，337（1-2）：121-133.

［99］Lu L，Chen X，Huang X，et al. Revealing the maximum strength in nanotwinned copper［J］. Science，2010，323（5914）：607-610.

［100］He J，Liu T，Xs S，et al. The effects of compressive pre-deformation on yield asymmetry in hot-extruded Mg-3Al-1Zn alloy［J］. Materials Science & Engineering A，2013，579：1-8.

［101］Stanford N，Sotoudeh K，Bate P S. Deformation mechanisms and plastic anisotropy in magnesium alloy AZ31［J］. Acta Materialia，2011，59（12）：4866-4874.

［102］Yoshinaga H，Horiuchi R. Deformation Mechanisms in Magnesium Single Crystals Compressed in the Direction Parallel to Hexagonal Axis［J］. Materials Transactions Jim，1963，4（1）：1-8.

［103］Tegart W J M. Independent slip systems and ductility of hexagonal polycrystals［J］. Philosophical Magazine，1964，9（98）：339-341.

［104］Hou M J，Zhang H，Fan J F，et al. Microstructure evolution and deformation behaviors of AZ31 Mg alloy with different grain orientation during uniaxial compression［J］. Journal of Alloys and Compounds，2018，741：514-26.

［105］Humpherys F J，Hatherl Y M. Abbreviations-Recrystallization and Related Annealing Phenomena［J］. 2004，64（9）：219-224.

［106］Fatemi-Varzaneh S M，Zarei-Hanzaki A，Bekadi H. Dynamic recrystallization in AZ31 magnesium alloy［J］. Materials Science & Engineering A，2007，456（1-2）：52-57.

放电等离子烧结-热挤压制备
纳米相增强镁基复合材料

第 1 章

镁基复合材料概述

1.1 镁及镁基复合材料

1.1.1 镁及镁合金

镁，元素符号 Mg，周期表中ⅡA族碱土金属元素，原子序数 12，原子量为 24.1305，是碱土金属中最轻的结构金属；镁晶体呈密排六方结构，无同素异构转变，室温下晶格常数为 $a=0.3203nm$、$c=0.5199nm$，$c/a=1.6237$[1,2]。

纯镁的熔点为 648.8℃，沸点为 1107℃，密度 $1.738g/cm^3$，是轻金属的一种；纯镁属于有色金属，具有银白色金属光泽，切削加工性能优良，相对密度比铝还小[1,3]。镁在地壳中的含量约为 2.5%，是排名第八的元素；但绝大部分镁储存在海洋里，海水是现今镁的主要来源。

镁合金是以金属镁为基础，通过添加一系列合金元素形成的合金体。常见的合金元素有铝、锌、锰、硅、钙、锂、锆等。合金元素不同，镁合金的性能也有所差异；普通镁合金的密度为 $1.3～1.9g/cm^3$，可比钢铁轻 70%，比铝合金轻 30%～50%[4,5]。镁合金的比耐力大于铝和铁，比刚度与铝合金和钢类似，比强度高于铝合金和钢，仅次于强度最大的纤维增强塑料。除此之外，镁合金还具有尺寸稳定性好、机械加工性能好、工业生产率高、环保易于回收等优点，被誉为"21世纪绿色工程材料"[6]。目前，镁合金主要应用于航空航天、汽车船舶等运输系统，硬盘驱动、笔记本电脑等电子通信系统，还有兵器导弹等国防工业系统以及电力工业、家用消费品、医疗器械等其他领域，应用十分广泛。

镁合金按照它的制造方法可大致分为铸造镁合金和变形镁合金，按照成型方法及化学元素又可分为以下几个类型，具体的分类如图 2-1-1 所示。

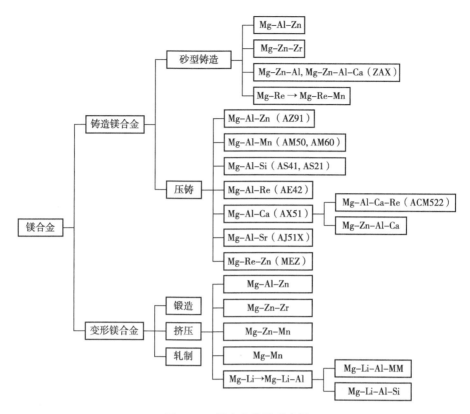

图 2-1-1 镁合金分类示意图

1.1.2 镁基复合材料

科学技术的迅猛发展，让人们对工程材料提出了性能更高、更多样化的要求。当单一的材料（如金属及其合金等）越来越无法完全满足市场的需求时，复合材料便应运而生[7]。

所谓复合材料，是指由两种或两种以上不同性质的材料通过物理方法或化学的方法，在宏观或者微观上组成的具有新型综合性能的材料[8]。因为不同的材料在性能上可以取长补短，产生协同效应，所以复合材料的综合性能优于原组成材料，因而可以满足不同条件下的各种要求。

复合材料主要由基体和增强相两部分组成。复合材料的基体材料分为金属和非金属两大类。金属基体常用的有镁、铝、铜、钛等；非金属基体常用的有合成树脂、石墨、陶瓷、橡胶、碳等；复合材料的增强材料主要有碳化硅纤维、石棉纤维、玻璃纤维、硼纤维、碳纤维、芳纶纤维、金属丝、晶须和硬质细粒等[9]。

① 根据材料的组成成分，复合材料可分为金属与金属复合材料、非金属与金属

复合材料、非金属与非金属复合材料[10]。而按照不同的结构特点，这些复合材料又可分为：a. 纤维增强复合材料：增强体为纤维的复合材料，如纤维增强金属材料、纤维增强塑料等。b. 细粒复合材料：增强体为硬质细粒的复合材料，如金属陶瓷、弥散强化合金等。c. 夹层复合材料：由性质不同的芯材及表面材料组合而成的复合材料，具有一定厚度和刚度，分为实心夹层和蜂窝夹层。d. 混杂复合材料：增强体为两种或两种以上的复合材料，通常比单增强相复合材料的性能优异，又可将其分为层内混杂复合材料、层间混杂复合材料、夹芯混杂复合材料、层内/层间混杂复合材料和超混杂复合材料。

② 根据材料用途的不同，复合材料主要分为结构复合材料和功能复合材料[11]。

结构复合材料是指以承受力作为主要用途的复合材料，由基体组元和可承受载荷的增强体组元组成。在结构复合材料中，基体组元起到连接增强体和传递力的作用。常见的基体有金属、玻璃、陶瓷、高聚物、水泥等，这些基体与不同的增强体（如各种陶瓷、玻璃、高聚物、天然纤维、晶须、颗粒等）可组成各种类型的复合材料，所组成的复合材料用所选用的基体来命名，如高聚物复合材料等。结构复合材料的组元选择需要根据材料使用过程中的受力情况进行分析，除此之外，复合材料的结构设计也尤为重要，增强体的排布既要满足受力需要，同时也要考虑节约用材。

功能复合材料是指除机械性能以外还提供其他物理性能（如导电、屏蔽、磁性、半导、超导、吸声、隔热、摩擦等）的复合材料。功能复合材料一般由功能体组元和基体组元组成。在功能材料中，基体不仅连接整体，而且能够起到加强功能或协同的作用。而多元的功能体组元可以协同作用，为复合材料提供更多的功能；与此同时，多元功能体组元还可以相互作用，为复合材料提供新的功能。复合材料的发展方向是多功能复合材料。

③ 根据成本性能及应用范围的不同，复合材料也可分为常用复合材料和先进复合材料。

常用复合材料是指那些价格低廉、应用广泛的复合材料。由于其成本较低、技术成熟，这些复合材料得以大量发展，已广泛应用于车辆、船舶、建筑结构、化工管道、体育用品等。如由玻璃纤维等增强体和树脂构成的玻璃钢，便是常用复合材料的一种。

先进复合材料是指增强体为高性能材料的复合材料，它们性能优良，但价格较为昂贵，主要用于航空航天、精密机械、国防工业、机器人构建、深潜器和高档体育用品等[12]。如由高性能耐热高温聚合物、芳纶、碳纤维等构成的复合材料，金属基、石墨基、陶瓷基以及许多功能复合材料，都属于先进复合材料。

复合材料是一种混合物，在很多领域都发挥了巨大的作用，代替了很多传统的材料。复合材料对现代科学技术的发展起着很重要的作用。

1.1.3　镁基复合材料的研究

开展镁基复合材料的研究是深度开发利用镁资源的重要举措[13]。镁基复合材料不仅具有镁及镁合金质量轻的优点，而且克服了镁及镁合金强度低、硬度小、耐磨损抗力不高等的缺点。因此，镁基复合材料的研究具有重要的意义。

镁基复合材料的组成主要有三个部分：镁或镁合金基体、增强相、基体与增强相的接触面——界面。

目前，常用的基体镁合金主要有三大类，即室温铸造镁合金、高温铸造镁合金以及锻造镁合金，包括 Mg-Al、Mg-Mn、Mg-Zn、Mg-Li、Mg-Zr、Mg-Re 以及在较高温度下工作的 Mg-Ag 和 Mg-Y[14]。

镁基复合材料对增强体的要求与铝基增强复合材料类似，主要包括化学、物理相容性要好，载荷承受能力强，基体与增强相润湿性好，同时应避免发生界面反应。

镁基复合材料的界面包括镁及镁合金基体与增强相间的扩散结合层、成分过渡层、残余应力层三个部分，它是基体与增强体在复合材料的制备和使用过程中的反应产物。复合材料的界面区域虽然微小（几十纳米～几十微米），但其对复合材料性能的影响至关重要，不可忽视[15]。

近年来，有许多学者对镁基复合材料进行了相关研究。如南宏强等[16]用半固态搅拌法结合热挤压工艺制备出了 B_4Cp/AZ91 镁基复合材料。经过以上处理工艺，该材料的抗拉强度达到 282.2MPa，0～100℃的线膨胀系数为 $19 \times 10^{-6} K^{-1}$，材料致密度提高，晶粒得到显著细化，颗粒界面改善，增强相颗粒与基体产生了很强的结合，性能大幅提高。金亚旭等[17]通过液态金属搅拌铸造的方法制备出了 $K_2Ti_6O_{13}$ 晶须增强 AZ91D 镁基复合材料，结果发现 $K_2Ti_6O_{13}$ 晶须可以促使合金铸态组织明显细化，改变共晶组织形貌，降低了 β 相，从而提高了 AZ91D 的耐腐蚀性能。袁秋红等[18]研究了以 0.1％氧化石墨烯作为增强相制备的 AZ91 复合材料，通过力学性能测试测得该复合材料的屈服强度为 224.85MPa，较基体镁合金提高了 39.7％；显微硬度为 70，提高了 31.8％；伸长率达到 8.15％，提升了 35.4％，复合材料的力学性能得到了大幅提高。闫洪等[19]研究了稀土铒对 Mg_2Si/AM60 复合材料的显微组织及腐蚀性能的影响。在添加了稀土铒后，复合材料的增强相形态发生改变，由开始的树枝状转变为颗粒状，复合材料的抗拉强度提高至 208.3MPa；当稀土铒的含量为 0.70％（质量分数）时，复合材料的自腐蚀电位提高了 214mV，该结果表明稀土铒可以有效提高该合金的耐腐蚀性。

除了理论研究，镁基复合材料在生产实践中也应用广泛，其可以用于航空航天（如轰炸机机身、飞机轮毂等）、国防工业（如海军卫星的横梁、支架等结构件）、汽车制造（如变速箱外壳、发动机减振轴等构件）、通信电子（如便携电话、笔记本电脑的外壳等材料)、新型储氢材料(高储氢容量和氢化动力学性能好)[20]等。镁基复合材料性能优良,具有毋庸置疑的应用前景。

1.2 镁基复合材料的增强相

1.2.1 常见的镁基复合材料增强相

由于镁的化学性质非常活泼,很容易与其他很多化学元素发生反应,因此镁基复合材料增强相的选择十分重要[21]。

常见的镁基复合材料增强相有碳纤维、Al_2O_3颗粒或纤维、B_4C颗粒、TiC颗粒、SiC颗粒或晶须等。

(1)碳纤维

碳纤维是一种含碳量高于95%的微晶石墨材料,它的强度和模量均很高,主要由片状石墨微晶等有机纤维沿着纤维轴方向堆砌,同时经过碳化及石墨化处理而得到。碳纤维的质量轻、强度高、模量高、耐腐蚀性好,且不与镁基体发生反应,是"外柔内刚"的理想增强体材料。

碳纤维增强镁基复合材料分为连续碳纤维增强镁基复合材料和非连续碳纤维增强镁基复合材料。连续碳纤维增强镁基复合材料性能更好,具有良好的机械加工性、抗热形变性;而非连续碳纤维增强镁基复合材料成本更低,在成型和加工方面有更明显的优势。

(2)Al_2O_3颗粒或纤维

Al_2O_3是一种高硬度的化合物,也是镁基复合材料常用的增强相,但陶瓷相Al_2O_3很容易与镁基体发生反应($3Mg+Al_2O_3 \Longrightarrow 2Al + MgO$)生成氧化镁,不利于增强体与基体的结合。同时,市场中的Al_2O_3通常含有5%左右的SiO_2,会与镁基体发生反应($2Mg+SiO_2 \Longrightarrow Si + 2MgO$),新生成的$Si$可与镁反应生成$Mg_2Si$,危害界面结合,因此很多镁基复合材料也都避免选用$Al_2O_3$作为增强体[22]。

Al_2O_3颗粒的热膨胀系数与镁不同,当温度发生变化时,增强相与镁基的界面上将产生热应力;在400℃内,当温度升高时,复合材料的位错以对数减少。Al_2O_3纤维增强镁基复合材料主要通过挤压铸造法制备而成,在高温条件下,界面张力主要受纤维影响;在室温条件下,界面张力主要受基体控制。

(3)B_4C颗粒

碳化硼(B_4C)颗粒是一种应用广泛的增强体,它具有强度高、硬度高、弹性模量高和化学性质稳定等优点，加入至基体中可以起到很好的增韧性补强度效果。通常使用挤压铸造工艺制备 B_4C 增强镁基复合材料，通过此种方法制备出的复合材料通常具有高硬度、高强度、良好的成型性能及二次加工性能[23]。

（4）TiC 颗粒

碳化钛（TiC）颗粒也是一种应用广泛的增强体。目前 TiC 增强的镁基复合材料均采用原位反应法制备，即利用高温自蔓延反应合成 Ti-Al 合金，再加入至熔化的镁通过半固态加工成型；另外可以直接将 Ti 粉和 C 粉加入熔化的镁中制得。这种 TiC 增强的镁基复合材料硬度和抗疲劳性能非常好。

1.2.2　碳纳米管增强镁基复合材料

碳纳米管（carbon nanotubes，CNTs）又叫巴基管，是一种具有特殊结构的一维纳米材料。碳纳米管的结构形态如图 2-1-2 所示，是一个由单层或多层的石墨片围绕中心轴按一定螺旋角卷绕而成的无缝中空"微管"[24,25]。它的径向尺寸为纳米级，轴向尺寸为微米级。根据形成条件的不同，纳米管分为多壁纳米管和单壁纳米管。

图 2-1-2　碳纳米管的结构示意图

碳纳米管质量很轻，密度为 $1.359g/cm^3$，仅仅为钢的 $1/6 \sim 1/8$，并且热膨胀率低。碳纳米管具有较好的热稳定性，在 973K 下，空气中的碳纳米管基本不发生变化。碳纳米管具有优异的力学性能，弹性模量平均为 1.8TPa，单层碳纳米管的杨氏模量可高达约 5TPa，弯曲强度为 14.2GPa；多壁碳纳米管的抗拉强度可达 $50 \sim 200GPa$，其强度约为钢的 100 倍[26]。因此，碳纳米管是一种理想的镁基复合材料的增强体材料。

近年来，由于具有独特的机械性质、电热学性能和密度小等优点，碳纳米管（以下将其简称为 CNTs）引起了人们的广泛关注。与此同时，关于碳纳米管增强镁基复合材料的研究也取得了大量进展。Li 等[27]用搅拌铸造的方法制备出了经 CNTs 和 SiCp 增强的 AZ91D 复合材料，经他们研究发现，和初始的 AZ91D 合金相比，增强后的复合材料拉伸性能、弹性模量、显微硬度和伸长率都得到了大幅的提升。Paramsothy 等[28]用凝固过程结合热挤压的方法将 CNTs 加入至 ZK60A 合金中，增强后的 ZK60A 合金屈服拉伸强度、极限拉伸强度、破坏应变以及断裂功（WOF）较原始的 ZK60A 合金分别提高了 10%、10%、127% 和 156%。Park 等[29]用挤压渗透的方法制备出了 CNTs 增强 AZ91 复合材料，CNTs/AZ91 复合材料获得了优异的机械性能。而 Yuan 等[30]用粉末冶金的技术将 CNTs 加入至 AZ91 合金中，也同样提高了 AZ91 合金的性能。

1.2.3　碳化硅颗粒增强镁基复合材料

碳化硅（SiC）是 1891 年美国人艾奇逊在一次实验中偶然发现的产物。当时艾奇逊正在做电熔金刚石实验，因此碳化硅被误认为是金刚石的混合体，而被取名为金刚砂[31]。两年后，也就是 1893 年，艾奇逊研究出了工业冶炼碳化硅的方法（艾奇逊炉），即用以碳质材料为炉芯体的电阻炉加热碳的混合物和石英 SiO_2，使其反应生成碳化硅，这种方法一直沿用至今。

碳化硅的晶体结构近似金刚石的晶体结构，可分为四方晶系和六方晶系的 α-SiC 以及 β-SiC[32]。目前，中国工业所生产出的碳化硅均为六方晶体的碳化硅，有黑色碳化硅和绿色碳化硅两种。真正的纯碳化硅是无色的，工业生产的碳化硅之所以呈棕色或黑色，是因为含有铁等不纯物。大多数情况下，碳化硅晶体上有一层像彩虹一样的光泽，这是因为碳化硅的表面产生了一层二氧化硅保护膜。

碳化硅的密度为 3.20g/cm³，强度为 13.7GPa，弹性模量在 1090℃ 时约为 324GPa，泊松比为 0.17，断裂韧性 3.8MPa/m$^{1/2}$，线膨胀系数小，约为 4.8×10^{-6}。碳化硅的硬度很大，约为 28GPa，莫氏硬度 9.5 级（世界上最硬的金刚石为 10 级，碳化硅的硬度仅次于它）。除此之外，碳化硅导热性能好、崩溃电场强度高、最大电流密度高，高温时抗氧化性能好，并且升华温度也高（约 2700℃），因此在半导体高功率元件的应用十分有前景。另外，碳化硅与微波辐射也有很强的偶合作用，可以用来加热金属。

碳化硅（SiC）硬度大、热膨胀系数小、热导率高、耐磨性好、化学性能稳定，在复合工艺条件下基本不与基体合金发生反应且与镁基体有很好的润湿性，因此碳化硅是一种镁基复合材料常用的增强相[33]。作为有效的增强相颗粒，一种尺寸或多种尺寸的碳化硅颗粒被用各种各样的方式添加到了镁基体中。

Matin 等[34]用搅拌铸造的方式制备出了 Mg/SiC 和 AZ80/SiC 纳米增强复合材料，他们发现随着 SiC 含量的增加，复合材料的拉伸性能和压缩性能都得到了提高。Shen 等[35]用半固态搅拌铸造的方法将两种尺寸的 SiC 颗粒（微米级 SiC 和 SiC）添加至镁基体中用来增强材料的性能，结果发现和 AZ31B 合金相比，添加一种尺寸的 SiCp 增强镁基复合材料与添加两种尺寸的 SiCp 增强镁基复合材料都具有更高的屈服强度和拉伸强度以及更低的延伸率[36]。近年来，也有一种新型的半固态铸造技术被发现用来制造 SiCp 增强镁基复合材料。Ferkel 等[36]将平均颗粒尺寸为 30nm 的 SiCp 用机械球磨结合挤压的方法添加至纯镁中来提高材料的性能，研究表明经过此种方法制备的 SiCp 增强镁基复合材料具有更好的流变应力，但是相应的断口延伸率却下降了。Luo 等[37]通过机械球磨和真空烧结的方法将 SiCp 添加至 Mg-8Al-1Sn 基体中，提高了复合材料的屈服强度和极限压缩强度，但是也降低了材料的断裂延伸率。

1.3 镁基复合材料的制备方法

1.3.1 常见的镁基复合材料制备技术

镁基复合材料的制备方法多种多样，合适的制备方法不仅可以提高镁基复合材料的制备质量，而且有利于工业化的生产，意义重大。常见的镁基复合材料制备方法有铸造法、浸渗法、喷射法、机械合金化法和粉末冶金法等。

（1）铸造法

铸造是一种金属热加工工艺，是指将固态金属熔化为液态并倒入特定的模具中使其凝固成型的加工方法。镁基复合材料常用的铸造制备方法有搅拌铸造法、挤压铸造法。

搅拌铸造法，是指通过电磁搅拌、机械搅拌或超声波搅拌等方法，将金属熔体搅动形成漩涡，而增强体由于漩涡的负压作用进入到金属熔体内部，实现材料复合的制造[38]。根据搅拌铸造过程中金属状态的不同，可将搅拌铸造分为全液态搅拌铸造（金属熔体呈液态）、半固态搅拌铸造（金属熔体呈半固态）以及搅熔铸造（金属熔体先为半固态，加入增强相搅拌一段时间后将温度升高超过合金液相温度后再搅拌）。有研究表示，用搅熔铸造的方法制备的复合材料比起其他两种搅拌方法制备的复合材料颗粒分布更均匀，气孔率更低。搅拌铸造法生产成本低，可大规模生产，但增强体颗粒容易团聚，也容易引入气孔和杂质，影响复合材料的性能。

挤压铸造法是将熔融金属或者半固态合金通过压力强行压入用增强体制备的预制件中，持续加压使基体金属浸渗入预制件中，在压力下凝固最终得到复合材料的方法[39]。挤压铸造法对金属的利用率高，质量稳定并且工序简单，但是这种方法难以制备结构复杂的零件，这限制了它的发展。

除了搅拌铸造法和挤压铸造法，周国华等[40]在 2008 年利用消失模铸造法制备出了 CNTs/ZM5 复合材料，即将增强体 CNTs 与 PVC 母粒制成消失模装入砂型中，然后将 ZM5 合金溶液倒入含有 CNTs 的消失模中，凝固得到 CNTs/ZM5 复合材料。研究表明，CNTs 可以细化 ZM5 合金的晶粒，提高复合材料的强度和硬度；当 CNTs 过量时，复合材料的力学性能反而降低。

(2) 浸渗法

浸渗法主要是指液态浸渗法，具体的过程是先将增强相颗粒制备成预制件，然后将金属液通过机械化装置或惰性气体压入预制件的间隙中，复合材料即在液体凝固后形成。根据工艺过程的不同，液态浸渗法又可以分为无压浸渗法、负压浸渗法以及压力浸渗法。

无压浸渗法即为常压浸渗，是指熔融的金属在正常的压力下（无外加压力）浸渗入增强相颗粒预制块中，从而得到复合材料。负压浸渗法是将增强体预制块放置在真空状态下，熔融的基体金属由于真空造成的负压而渗入预制块中，凝固后得到复合材料。压力浸渗法即上文提到的挤压铸造法，是将熔融金属通过外加压力的作用浸渗至预制块中。

液态浸渗法同铸造法一样，生产成本低、生产效率高，但是对增强体和基体金属的润湿性有一定的要求，同样无法制备出结构复杂的零件。

(3) 喷射法

喷射法包括气体注射法[41]和喷雾沉积法。

气体注射法是指增强体颗粒在保护气体下随着惰性气体注射到熔融基体金属中，然后匀速冷却凝固继而得到增强体分布均匀的复合材料。

喷雾沉积法是将基体金属在高压的惰性气体中喷射雾化形成金属喷射流，同时将增强相颗粒喷入基体金属流中，由金属流和增强体组成的混合流共同沉积在经过预处理的衬底上，最终得到复合材料。

用喷射法制备的复合材料组织较为细小，但增强体颗粒分布并不均匀，且空隙率高，材料的相对密度较低。

(4) 机械合金化法

机械合金化法[42]，简称 MA，是通过高能球磨的方式将增强体颗粒与基体金属进行合金化的方法，其合金化的过程在非平衡状态下进行。

李谦等[43]通过机械合金化法制备出了 85Mg-5Ni-10Ti19Cr50V22Mn9 复合储氢材料，此复合材料为超细活性储氢粉末，具有良好的储氢性能。具体的机械合金化过程为：将预处理的 Ti19Cr50V22Mn9 合金与 Mg 和 Ni 按照 85Mg-5Ni-10Ti19Cr50V22Mn9 的质量分数均匀混合，在氢气氛围下机械球磨 8h（球磨罐的行星盘转速为 1041r/min，球磨罐的自转速度为 241r/min，转向相反，球磨 10min、停 10min，球料比 30∶1）。

（5）粉末冶金法

粉末冶金法的制备过程为：将基体金属的粉末与增强相颗粒混合均匀，然后将混合的粉末放入模具中压制成型，最后进行热压烧结得到制备的复合材料[44]。粉末冶金的制备条件不同，复合材料的结构与性能也有所差异。

通过粉末冶金方法制备的复合材料尺寸精度高、致密性好，但是由于经过此方法得到的复合材料是粉末烧结成型，因此在烧结过程中存在爆炸等危险。

关于镁基复合材料的制备方法，除了以上介绍的几种，还有自蔓延反应高温合成法、原位合成法、反复塑性变形合成法等。

1.3.2 放电等离子烧结技术

放电等离子烧结技术（spark plasma sintering，SPS）；又被称为脉冲电流烧结（pulsed electric current sintering，PECS）、等离子活化烧结或者等离子辅助烧结（plasma activated sintering，PAS 或 plasma-assisted sintering，PAS）[45]，是近年来发展起来的一种新型快速烧结的新技术。

SPS 装置的核心部分主要由脉冲电流发生器、轴向压力装置及电阻加热设备三个部分组成。另外，还有真空腔体，安全、气氛等控制系统，位移、温度测量系统以及冷却循环水系统等。其具体的设备构件如图 2-1-3 所示。

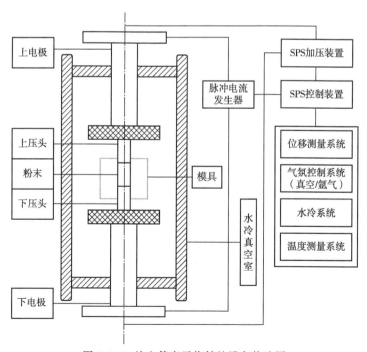

图 2-1-3　放电等离子烧结炉设备构造图

SPS 技术利用放电等离子体进行烧结。所谓等离子体，可以理解为经过电离后的高温导电气体。物质本身由分子构成，分子又由原子构成，原子由带正电的正电荷和带负电的电子构成，当在极高温度或者特定的条件刺激下时，原子外层电子会离开原子核，这个过程叫作电离；在这个时候，物质便由带正电的原子核和带负电的电子组成，这种状态下的物质即为等离子体。等离子体是原子被激发后形成的电子与离子的混合物，它是物质存在的第四种状态。物质另外三种常见的状态即固态、液态和气态。SPS 技术则是利用脉冲电流放电产生等离子体。

当金属粉末放在模具中进行烧结时，由于脉冲电流的作用，粉末间的空隙产生了放电等离子体，可以击穿金属粉末表面的氧化层和杂质；当电压足够大时，粉体间的绝缘层会被击穿而自身产生焦耳热，粉末粒子活化继而表面得到净化，同时颗粒本身的温度也在快速上升；在 SPS 烧结中，脉冲容易集中在晶粒结合处，颗粒之间放电可以产生高温，局部熔化形成烧结颈，此时温度再迅速冷却传至周围；由于离子的高速迁移，电场随着离子四处扩散产生放电继而布满整个粉体，实现烧结[46]。

还有一种解释放电等离子烧结技术原理的理论是[47]：当烧结开始时，脉冲电流倾向于通过电阻小的路径；烧结初期，粉末颗粒接触面积越小电阻越小，因此电流倾向于流过这样的区域，当有电流通过的颗粒接触面聚集了足够高的能量时，接触部分开始升温熔化，局部颗粒形成烧结颈；当温度持续升高时，此处的电阻也随着温升而增大，此时电流便会转移路径，继而又有新的烧结颈形成直至烧结全部完成。

目前，关于放电等离子烧结技术的原理并没有统一的解释，以上的解释是基于其他学者的研究而进行的总结。

放电等离子烧结技术相比于传统的烧结技术而言，具有很多优点[48]：①SPS 烧结温度低，比传统烧结工艺温度低 200~500℃。②烧结速度快，且烧结过程可控。SPS 可以设置升温程序，控制烧结速度的快慢，总体烧结时间远远小于传统烧结。③操作过程简单、自动化程度高、安全、占地面积小，还可以烧结精密零件，试样致密性好。

脉冲电流烧结原理是美国的科学家在 1830 年提出的，直到 1988 年日本才研制出世界上第一台 SPS 设备，随后又制备出了可供工业生产的 SPS 三代产品[49]。近几年，国内各科研机构、院校相继引进了 SPS 设备，放电等离子烧结技术越来越受到人们的重视。

1.4 镁基复合材料再加工工艺

1.4.1 常见的镁基复合材料再加工工艺

为了进一步提高镁合金或镁基复合材料的力学性能，通常会将金属材料进行二次加工。常见的金属材料再加工工艺主要有挤压、锻造、轧制、冲压、超塑性成型等[50]。

(1) 挤压

挤压是金属常见的一种加工方法，即对放置在凹模中的坯料用冲头或者凸模加压，使坯料产生塑性流动，继而获得相应于模具型孔或者凹凸模形状的制备件。在挤压过程中，金属产生三向压应力，因此也比较适用于塑性较差的镁合金。按照坯料塑形流动方向的不同，挤压可以分为正挤压、反挤压和复合挤压；按照挤压温度（以材料的再结晶温度为参考）的不同，挤压又分为热挤压、温挤压和冷加压。

(2) 锻造

镁合金的锻造加工和铝合金类似，加工成本低，性能提高效率好。但是锻造对镁合金的晶粒尺寸和塑性变形能力有很高的要求，所以这种方法只适用于晶粒尺寸小、塑性变形能力好的镁合金或镁基复合材料。例如 Mg-Al 系合金，很少用锻造的方法对其进行加工。

(3) 轧制

轧制属于两向延伸、一向压缩的主变形方式，因此不利于充分发挥镁合金的塑性变形能力[51]，这种方法一般适用于合金化程度低且塑形较高的镁合金系，如 AZ31 和 M1A 合金。轧制包括热轧、温轧（温度在回复温度和再结晶温度之间）和冷轧。

(4) 冲压

镁合金板材的冲压通常在较高温度下进行，预热温度在 220℃ 以上，冲压温度在 200～300℃，当温度较低时，坯料上容易形成裂纹；只有在变形程度不大的时候，镁合金才能进行冷冲压。

(5) 超塑性成型

很多镁合金系列有很明显的超塑性，并且镁合金的超塑性有很大的延伸率和很低的流变速率，利用镁的超塑性进行塑性变形，可以很好地开发镁的新合金和新工艺。超塑性成型技术加工成本较低，可以将坯料直接制备成形状复杂的成品，且制品的力学性能相对较高，但是超塑性成型速率和生产率较低，这限制了它的发展。

1.4.2 热挤压工艺

热挤压，是指在高于材料再结晶温度的某个温度下对加热的金属进行挤压的加工过程。热挤压是挤压工艺中最传统的工艺，不但塑性较好、强度较低的有色合金等可以使用热挤压进行成型[52]，强度较高的合金钢等也可以使用。通常经过热挤压的材料表面会被氧化和碳化，因此挤压后的材料通常要进行机械加工，以去除表面的氧化层和碳化层。

研究表明，热挤压能明显细化材料的基体组织，提高复合材料的致密度，改善添加颗粒的分布情况。因此，镁基复合材料也经常采用热挤压的方式进行二次加工，从而起到提高力学性能的效果。

工业上的镁合金通常采用正挤压的方法进行加工，一般根据合金成分的不同，在300～400℃的范围内选取合适的温度进行挤压。制备件的性能与挤压温度有很大的关系，例如在380℃的挤压温度下，AZ31合金的屈服强度可以达到230MPa，抗拉强度可以达到300MPa，而当挤压温度升高至400℃的时候，AZ31合金的性能反而不如380℃挤压的效果好[50]。除此之外，挤压的其他工艺参数，如预热温度、挤压速度、挤压比等，对金属挤压制品的组织、性能都有很大的影响。

1.5　本章小结

镁基复合材料具有许多镁合金具有的优点，如密度低，比强度、比刚度高等；同时由于基体与增强相的协同作用，也克服了镁合金的一些缺点，具有比镁合金更好的性能，因此引起了人们的广泛关注。

制备镁基复合材料的传统方法有搅拌铸造法、挤压渗透法、粉末冶金法等。用铸造法制备出的材料具有缩孔、缩松等缺陷，而后两者制备过程复杂、危险系数较大。放电等离子烧结技术（SPS）是近年来新发展起来的一门烧结技术，它具有烧结速度快、制备样品质量高、烧结更稳定更环保等优势。因此，本篇采用放电等离子烧结结合热挤压的方法制备出 Mg-1Al-xCNTs [x（质量分数）＝0.08%、0.15%、0.30%、0.60%] 与 Mg-1Al-xSiC [x（质量分数）＝0.3%、0.6%、1.2%、2.4%] 镁基复合材料，对其显微组织演变、密度、硬度、拉伸、压缩性能进行了研究，并揭示了纳米相增强镁基复合材料的机理。

第2章

Mg-1Al-xCNTs镁基
复合材料的组织和性能

  镁合金质量轻，比强度、比刚度高[53]。镁基复合材料是将具有优异性能的镁或镁合金与其他具有良好性能的增强相相结合而制备出来的材料。由于基体与增强相的协同作用，镁基复合材料克服了镁合金的一些缺点，具有比镁合金更好的性能，其相关研究已得到了人们广泛的关注。放电等离子烧结技术是近年来新发展起来的一门技术，和传统的制备方法相比，它具有烧结速度快、制备样品质量高、烧结更稳定更环保等优势，因此越来越多的人尝试采用这种方法制备镁基复合材料。

  Wang 等[54]用 SPS 制备出了多壁碳纳米管增强镁基复合材料，其压缩强度达到了1106MPa。Muhammad 等[55]运用放电等离子烧结技术在 585℃和 552℃下分别制备出了几乎致密的 SiCp/Mg 和 SiCp/AZ31 复合材料。Straffelini 等[56,57]用 SPS 方法制备出了 AZ91 合金，并研究了它的显微组织和力学性能。Zheng 等[58]用低温球磨结合 SPS 的方法制备出了纳米结构的 AZ80 合金，使其压缩屈服强度和极限强度分别达到了442MPa 和 54MPa。但是，迄今为止，很少有人用 SPS 结合热挤压的方法制备 CNTs 增强镁基复合材料。基于此，本章用一种新的制备方法（SPS＋热挤压）制备出高强高韧 Mg-1Al-xCNTs 镁基复合材料。

2.1 Mg、Al、CNTs 原始粉末

  所用原始粉见表 2-2-1。Mg 粉（纯度 99.9%，平均颗粒尺寸 150μm）作为金属基体，Al 粉（纯度 99.9%，平均颗粒尺寸 60μm）和直径为 10～20nm、长度为 0.5～

2μm 的 CNTs（纯度 95%）作为增强相。实验所用 Mg 粉、Al 粉和 CNTs 的扫描电镜图（SEM）如图 2-2-1 所示。

表 2-2-1　原始粉末及 CNTs 增强相材料的基本性质

材料	名义纯度（质量分数）	尺寸
Mg	>99.9%	平均颗粒尺寸：150μm
Al	>99.9%	平均颗粒尺寸：60μm
CNTs	>95%	直径：10~20nm 长度：0.5~2μm

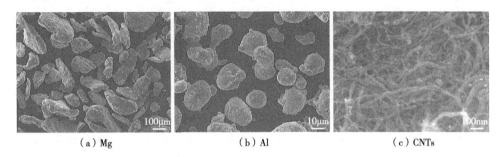

（a）Mg　　　　　　　　（b）Al　　　　　　　　（c）CNTs

图 2-2-1　原始粉末的扫描电镜图

2.2　Mg-1Al-xCNTs 镁基复合材料的制备

放电等离子烧结（SPS）所用的设备为日本滨州创元设备机械制造有限公司的 SPS-632LX 仪器。具体的烧结过程为：①在直径为 40mm 的石墨模具中倒入前期混合均匀的原始粉末 36g。②将石墨模具按规范放入 SPS 烧结炉中，设置烧结参数（烧结压力 50kN，保温温度 560℃，保温时间 5min，具体的升温过程如图 2-2-2 所示）。③将 SPS 烧结炉腔体内部抽真空，开始烧结。④烧结完成后取出模具，得到 ϕ40mm×15mm 的圆柱体材料，准备下一阶段实验。

将经过放电等离子烧结后的圆柱体

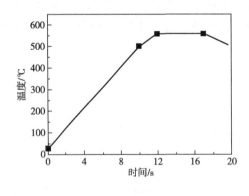

图 2-2-2　SPS 升温过程图

复合材料进行热挤压加工，得到直径为 10mm 的细棒，此状态为复合材料制备后的最终状态。SPS 制备的材料形态和热挤压后的材料形态如图 2-2-3 所示。热挤压工艺的具体参数为：在 400℃预热 10min，然后在此温度下进行挤压，挤压比为 16：1，挤压速率为 1mm/s。

 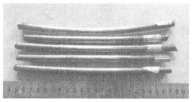

（a）SPS试样 　　　　　　　　　　　　　　（b）SPS+挤压试样

图 2-2-3　SPS 试样和 SPS＋挤压试样

2.3　Mg-1Al-*x*CNTs 镁基复合材料的显微组织

首先通过 X 射线衍射（XRD）初步测试纯 Mg、CNTs 和 Mg-1Al-*x*CNTs［*x*（质量分数）＝0.08％、0.15％、0.30％、0.60％］复合材料的成分，它们的 XRD 扫描图如图 2-2-4 所示。从图中可以看出在 25.76°和 43.04°的位置处 CNTs 出现峰值，

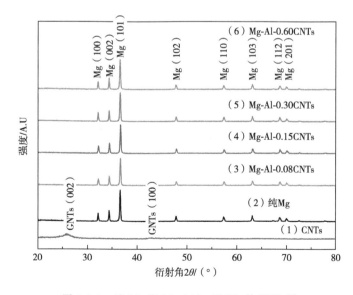

图 2-2-4　纯 Mg 和 Mg-1Al-*x*CNTs 的 XRD 图

而纯镁的大部分峰值也都显现了出来，主要在 32.16°、34.39°、36.59°、47.80°、57.36°、63.05°、68.65° 和 69.99° 处。但在 Mg-1Al-xCNTs 复合材料的 XRD 扫描图中除了镁的峰值，并没有看到 Al 和 CNTs 的峰值，这是因为在复合材料中，Al 和 CNTs 的含量过少。

通过扫描电子显微镜（SEM）观察了纯镁和 Mg-1Al-xCNTs [x（质量分数）＝0.08%、0.15%、0.30%、0.60%] 复合材料的表面，结果如图 2-2-5 所示。纯 Mg 的表面很光滑，没有小孔，没有颗粒边界，这表明了 Mg 颗粒间的结合非常好。相似的，Mg-1Al-xCNTs [x（质量分数）＝0.08%、0.15%、0.30%、0.60%] 复合材料也没有明显的小孔，只有在 Mg-1Al-0.6CNTs 复合材料中，CNTs 聚集的地方有一些微观小孔。由此可以表明，通过放电等离子烧结（SPS）结合热挤压技术，可以制备出几近致密的 Mg-1Al-xCNTs 复合材料。试样表面的能谱扫描（EDS）证明了 Al-CNTs 的存在，如图 2-2-5（f）所示。随着 CNTs 含量的增多，Al-CNTs 增强相的聚集也越明显，但是它们在镁基体中始终分布均匀。

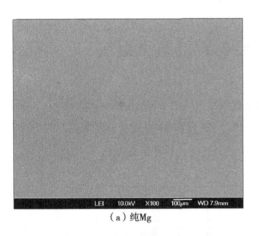

（a）纯 Mg

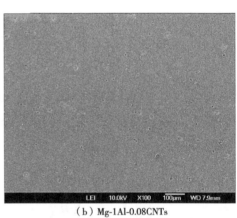

（b）Mg-1Al-0.08CNTs

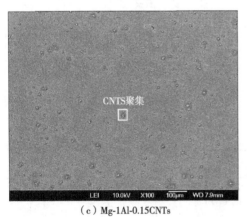

（c）Mg-1Al-0.15CNTs

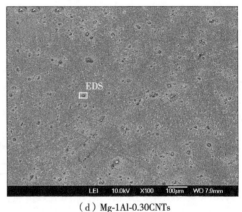

（d）Mg-1Al-0.30CNTs

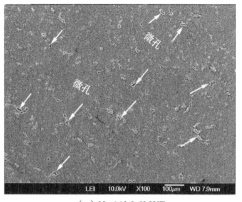
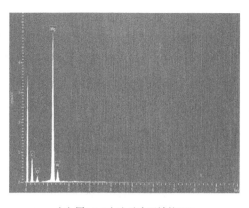

（e）Mg-1Al-0.60CNT　　　　　　　　　　（f）图2-2-5（d）选中区域的EDS

图 2-2-5　不同样品表面的 SEM 图

　　因为 Al 和 CNTs 的含量非常小，所以镁基体中的 Al-CNTs 颗粒很难被发现。为了更精准地确认在 Mg-1Al-xCNTs 复合材料中 Al-CNTs 的存在，我们对 Mg-1Al-0.15CNTs 复合材料进行了能谱面扫描（图 2-2-6），结果发现 Al 和 CNTs 颗粒均匀地嵌在镁基体中。

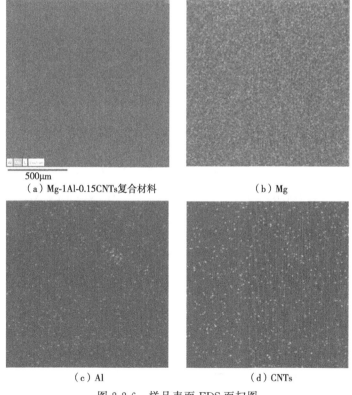

（a）Mg-1Al-0.15CNTs复合材料　　　　　　　　　　（b）Mg

（c）Al　　　　　　　　　　（d）CNTs

图 2-2-6　样品表面 EDS 面扫图

关于 Mg 和 Mg-1Al-xCNTs 复合材料的金相显微图如图 2-2-7 所示。从图 2-2-7（a）中可以看到，纯镁的制备效果非常好，材料没有小孔，但是原始的颗粒界面清晰可见，这种情况表明原始颗粒的氧化层依然存在，并且随着 CNTs 含量的增多，颗粒表面的氧化越发明显。从图 2-2-7 中可以看到，Al-CNTs 增强相均匀地分布在镁颗粒的边界处，镁基体和增强相结合紧密。此外，值得注意的是，在 Mg-1Al-xCNTs 复合材料中出现了一些新的晶粒。例如 Mg-1Al-0.15CNTs 复合材料，在 Mg 颗粒内部，出现了直径为 5～35μm 的不规则晶粒，而在 Mg 颗粒边界处的增强相周围，则出现了平均晶粒尺寸 1～2μm 的更为细小的等轴晶，这表明了在热挤压过程中复合材料发生了动态再结晶。因为金属 Mg 塑性较好、变形性能好，而增强颗粒不易变形，所以在热挤压的过程中，Mg 基体和增强相颗粒间发生了应力错配[59]。这种错配使得增强相颗粒附近的镁基体产生了应变梯度，从而造成了该区域的位错密度增加和方向梯度变大[60]。通常将这种特殊的区域叫作颗粒变形区（PDZ），PDZ 是再结晶核发展的理想区域[61]。这也是为什么再结晶晶粒主要分布在增强相附近的原因。在 Mg-1Al-0.15CNTs、Mg-1Al-0.3CNTs 和 Mg-1Al-0.6CNTs 复合材料中，这种再结晶现象十分明显 [图 2-2-7（c）～（f）]。另外，在图 2-2-7 中还可看到，随着 CNTs 含量的增加，Al-CNTs 增强相有聚集的趋势，其中 Mg-Al-0.6CNTs [图 2-2-7（d）] 最为明显。

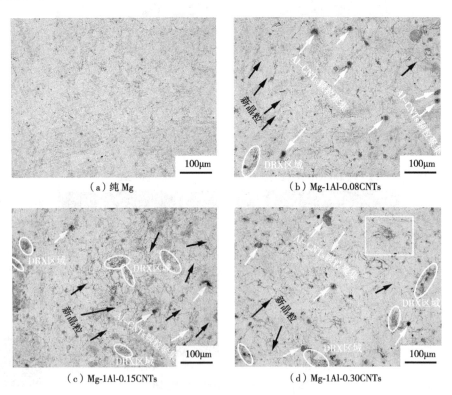

（a）纯 Mg　　　　　　　　　　（b）Mg-1Al-0.08CNTs

（c）Mg-1Al-0.15CNTs　　　　　　（d）Mg-1Al-0.30CNTs

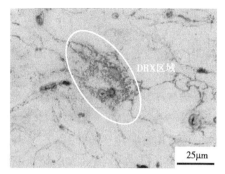

（e）Mg-1Al-0.60CNTs　　　　（f）图2-2-7（d）中方框区域的放大图

图 2-2-7　金相组织（动态再结晶区域用黑色箭头和白色椭圆标注，
Al-CNTs 聚集相用白色箭头标准）

2.4　Mg-1Al-xCNTs 镁基复合材料的密度分析

铸态 Mg、纯 Mg（SPS＋热挤压）和 Mg-1Al-xCNTs［x（质量分数）＝0.08％、0.15％、0.30％、0.60％］复合材料的理论密度与实验密度如表 2-2-2 所示。由于 Al 和 CNTs 的加入，Mg-1Al-xCNTs 复合材料的密度始终大于铸态 Mg 和纯 Mg 的密度；而纯 Mg 和 Mg-1Al-xCNTs 复合材料的实验密度均接近于它们的理论密度，相对密度高达99％以上。这也表明了 SPS 结合热挤压是一种制备出几近致密的 Mg-1Al-xCNTs 复合材料的有效方法。

表 2-2-2　铸态 Mg、纯 Mg 和 Mg-1Al-xCNTs 复合材料的理论密度与实验密度

材料	理论密度/g·cm^{-3}	实验密度/g·cm^{-3}	相对密度/g·cm^{-3}
铸态 Mg	1.7400	1.7313	99.50％
纯 Mg	1.7400	1.7363	99.79％
Mg-Al-0.08CNTs	1.7500	1.7440	99.66％
Mg-Al-0.15CNTs	1.7504	1.7458	99.74％
Mg-Al-0.30CNTs	1.7511	1.7443	99.61％
Mg-Al-0.60CNTs	1.7527	1.7400	99.28％

2.5 Mg-1Al-xCNTs 镁基复合材料的硬度

铸态 Mg、纯 Mg（SPS＋热挤压）和 Mg-1Al-xCNTs［x（质量分数）＝0.08％、0.15％、0.30％、0.60％］复合材料的硬度如图 2-2-8 所示。从图中可以看出，经过 SPS 结合热挤压制备出的纯 Mg 硬度高于铸态 Mg，这是因为前者的缩孔等缺陷较少并且颗粒结合较铸态 Mg 更好。值得注意的是，Mg-1Al-xCNTs 复合材料的硬度始终比纯 Mg 的硬度高；并且随着 CNTs 含量的增高，Mg-1Al-xCNTs 复合材料的硬度逐渐增大。其中，Mg-1Al-0.6CNTs 复合材料的硬度达到 $59HV_{0.5}$，和纯 Mg 相比，增加了约 59％。复合材料硬度增大的原因可以是基体中均匀分布着强度更高的增强相，这导致了硬度计在打压痕的过程中，镁基体存在着更强的约束因而更不容易变形[62]。同时，有小的再结晶晶粒出现（图 2-2-7）也可以提升 Mg-1Al-xCNTs 复合材料的硬度。

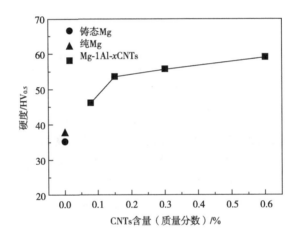

图 2-2-8　铸态 Mg、纯 Mg 和 Mg-1Al-xCNTs［x（质量分数）＝0.08％、0.15％、0.30％、0.60％］的硬度

2.6 Mg-1Al-xCNTs 镁基复合材料的机械性能

2.6.1 拉伸性能和压缩性能

图 2-2-9 是铸态 Mg、纯 Mg（SPS＋热挤压）和 Mg-1Al-xCNTs［x（质量分数）＝0.08％、0.15％、0.30％、0.60％］复合材料在室温条件下，沿着 ED 方向拉

伸所得的真应力应变曲线。各个材料的拉伸屈服强度（TYS）、拉伸极限强度（TUS）和拉伸延伸率（TFS）数据如表 2-2-3 所示。同样，各个材料的压缩真应力应变曲线也见图 2-2-10，而压缩屈服强度（CYS）、压缩极限强度（CUS）和压缩延伸率（CFS）的数据见表 2-2-4。从图 2-2-9、图 2-2-10 和表 2-2-3、表 2-2-4 中可以发现，所有通过 SPS 结合热挤压方法制备出来的纯 Mg 和 Mg-1Al-xCNTs 复合材料的压缩性能都好于铸态 Mg；用同样方法制备出的纯 Mg 相比，Mg-1Al-xCNTs 复合材料的拉伸性能和压缩性能均得到大幅的提升。

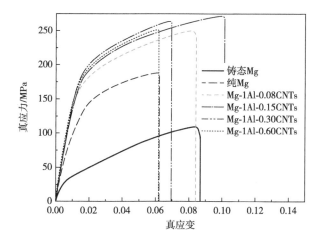

图 2-2-9　铸态 Mg、纯 Mg 和 Mg-1Al-xCNTs ［x（质量分数）＝0.08％、0.15％、0.30％、0.60％］复合材料的拉伸真应力应变曲线

表 2-2-3　铸态 Mg、纯 Mg 和 Mg-1Al-xCNTs ［x（质量分数）＝0.08％、0.15％、0.30％、0.60％］复合材料的拉伸性能数据

材料	拉伸屈服强度/MPa	拉伸极限强度/MPa	拉伸延伸率/％
铸态 Mg	27±3	110±5	8.01±0.6
纯 Mg	98±4	188±3	5.12±0.7
Mg-1Al-0.08CNTs	150±2	250±6	7.20±0.5
Mg-1Al-0.15CNTs	157±3	271±4	8.80±0.5
Mg-1Al-0.30CNTs	166±5	264±4	5.70±0.4
Mg-1Al-0.60CNTs	161±4	252±6	5.05±0.6
Mg-2Al$_2$O$_3$[63]	110	188	—
AZ31-2Al$_2$O$_3$[63]	155	246	—
AZ31-3CNT[64]	254	360	1.5

材料	拉伸屈服强度/MPa	拉伸极限强度/MPa	拉伸延伸率/%
AZ91D-3CNTs[65]	284	361	3
Mg-3.5SiCp[34]	34	113	4
AZ80-3.5SiCp[34]	84	138	8.5
Mg-1Cu[66]	194	221	2.9

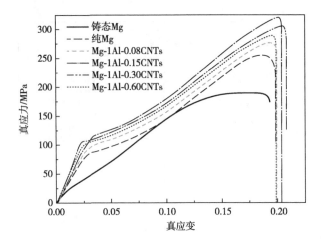

图 2-2-10 铸 Mg、纯 Mg 和 Mg-1Al-xCNTs［x（质量分数）=0.08%、0.15%、0.30%、0.60%］复合材料的压缩真应力应变曲线

表 2-2-4 铸 Mg、纯 Mg 和 Mg-1Al-xCNTs［x（质量分数）=0.08%、0.15%、0.30%、0.60%］复合材料的压缩性能数据

材料	压缩屈服强度/MPa	压缩极限强度/MPa	压缩延伸率/%
铸态 Mg	22±3	190±4	18.5±0.5
纯 Mg	81±2	255±4	17.0±0.4
Mg-1Al-0.08CNTs	93±2	276±3	17.3±0.5
Mg-1Al-0.15CNTs	118±3	321±4	17.9±0.4
Mg-1Al-0.30CNTs	107±4	305±6	18.4±0.6
Mg-1Al-0.60CNTs	101±3	289±5	17.2±0.2
Mg-3.5SiCp[66]	62	285	—
Mg-2SiCp[67]	160	247	9
AZ31B-1.11Al$_2$O$_3$[68]	174	478	13.5±0.8

就拉伸性能而言，由于 Mg-1Al-xCNTs 复合材料中添加了 Al 和 CNTs 增强相，复合材料的拉伸屈服强度和拉伸极限得到大幅提升。在本章所有的复合材料中，Mg-1Al-0.15CNTs 复合材料具有最好的机械性能，其中材料的拉伸屈服强度、拉伸极限强度和拉伸延伸率分别达到了 157MPa、271MPa 和 8.8%；和用同样方法制备出的纯 Mg 相比，拉伸屈服强度、极限强度和延伸率分别提升了约 60%、44% 和 72%。但当 CNTs 的含量继续增加时，材料的拉伸延伸率快速下降而拉伸极限强度也有一定的降低，这种现象是 Al-CNTs 增强相的聚集造成的[69,70]。

对于压缩性能，Mg-1Al-xCNTs 复合材料的压缩屈服强度和压缩极限强度得到了很大的提升，同时压缩延伸率并没有下降。和拉伸性能类似，Mg-1Al-0.15CNTs 复合材料具有最好的压缩性能。和用同样方法制备出的纯 Mg 相比，Mg-1Al-0.15CNTs 复合材料具有更高的压缩屈服强度（118MPa，提高了约 46%）、压缩极限强度（321MPa，提高了约 26%）和较高的压缩延伸率（约 17.9%）。相似的，当复合材料中的 CNTs 含量高于 0.15% 时，Al-CNTs 增强相的聚集在一定程度上导致了材料压缩屈服强度和压缩极限强度的下降，然而这种聚集却对复合材料的压缩延伸率无明显的影响。

此外，从表 2-2-3 和表 2-2-4 中所列的数据来看，本章通过 SPS 结合热挤压方法制备出的复合材料的性能较之前研究出来的一些材料更具有优势。从表中可以观察到，和添加了大量 CNTs 的 AZ91 和 AZ31 材料相比，Mg-1Al-0.15CNTs 复合材料具有更好的塑性。和选用了其他颗粒（Al_2O_3、SiC 和 Cu）作为增强相制备出的镁基复合材料相比，Mg-1Al-0.15CNTs 复合材料具有更高的强度和塑性。在本次实验中可以发现，添加 1% 的 Al 和少量的 CNTs 可以显著地提升 Mg-1Al-xCNTs 复合材料的性能。更重要的是，添加少量的价格昂贵的 CNTs 并不会很大地增大镁基材料的成本和密度。这些对比表明在目前的研究中，我们通过 SPS 结合热挤压的方法成功地得到了具有更好机械性能的 Mg-1Al-xCNTs 复合材料。

2.6.2 强化机制和断口分析

Mg-1Al-xCNTs [x（质量分数）＝0.08%、0.15%、0.30%、0.60%] 复合材料强度的增加可以归因于以下几个方面：①Hall-Petch 增强机制；②Orowan 增强机制；③弹性模量错配增强机制和热膨胀系数错配增强机制；④载荷传递增强机制。

如图 2-2-7 所示，热挤压过程中 Mg-1Al-xCNTs 复合材料发生了动态再结晶导致了细小不规则晶粒区域和更小的等轴晶区域的出现。根据 Hall-Petch 关系式[71]（$\sigma_y = \sigma_0 + K_y d^{-1/2}$，$\sigma_y$ 代表屈服强度，σ_0 和 K_y 是材料对应的相关常数，d 表示的是晶粒尺寸），可以推断出晶粒尺寸越小，材料的屈服强度越高；当位错通过晶粒边界时，位错的运动受到阻碍致使材料的屈服强度得到提升。

Orowan 环[72]在材料增强机制中也占有很重要的地位，它是因为材料中加入了亚微米级别和纳米级别的颗粒阻碍了位错的运动而形成的。增强相的加入引起了反向应力，阻碍了位错的迁移，使颗粒周围形成了残余位错环，继而导致了屈服强度的提升[73]。由于 Orowan 环存在引发的应力变化（$\Delta\sigma_{Orowan}$）可以用 Orowan-Ashby 方程式表达[74]：

$$\Delta\sigma_{Orowan} = \frac{0.13\,G_m b \ln\dfrac{d_p}{b}}{\lambda} \tag{2-2-1}$$

式中，G_m 是基体的剪切应力（Mg 的剪切应力是 1.66×10^4 MPa）；b 是基体的伯格斯矢量（Mg 的伯格斯矢量是 3.21×10^{-10} m）；d_p 是主要颗粒的尺寸；λ 是粒子间距，计算方式如下[75,76]：

$$\lambda \approx \left(\frac{1}{2V_p}\right)^{\frac{1}{3}} - 1 \tag{2-2-2}$$

Mg、Al 和 CNTs 的热膨胀系数（CTE）分别是 25×10^{-6} K^{-1}、23.6×10^{-6} K^{-1} 和 2.7×10^{-6} K^{-1}。Mg 的弹性模量大概在 $40\sim45$GPa 之间[77]，Al 的弹性模量约 69.6GPa，但是单层石墨和双层石墨的弹性模量能分别达到（2.4 ± 0.4）TPa 和（2.0 ± 0.5）TPa[78]。因此 Mg 基体和 Al-CNTs 增强相颗粒的热膨胀系数（CTE）与弹性模量存在着巨大的差异，这使得两者接触面附近产生了大量的位错[79,80]。Mg 基体和 Al-CNTs 增强相颗粒间热膨胀系数（CTE）的失配使得复合材料的屈服强度得到提高。由热膨胀引发的应力变化 $\Delta\sigma_{CTE}$ 可以用以下方程式进行描述[81]：

$$\Delta\sigma_{CTE} = aGb\sqrt{\frac{12\Delta T\Delta C f_v}{bd_p}} \tag{2-2-3}$$

式中，$\Delta\sigma_{CTE}$ 表示由于热膨胀系数（CTE）不同而导致的屈服强度变化；a 是常数，此处为 1.25；G 是 Mg 基体的剪切模量，为 1.66×10^4MPa；b 是基体 Mg 的伯格斯矢量，等于 3.21×10^{-10}m[82]；ΔT 是温度的变化；ΔC 是基体与增强相热膨胀系数（CTE）的差值；f_v 是第二相的体积分数；d_p 是主要颗粒的尺寸。

基体和增强相良好的界面结合（界面剪切力）决定了载荷能否从基体传至增强相。从图 2-2-6 中可以看到 Al-CNTs 增强相均匀地分布在 Mg 基体中，当外界对材料施加力的作用时，基体便可以有效地把载荷传递给增强体，由增强体承担一部分载荷，由此材料的强度便得到了提升。剪切应力滞后方程式可以用来解释基体向增强体传递载荷引起的强化机制，这种载荷传递引起的应力增加可以用下述方程表示[83,84]：

$$\Delta\sigma_{LT} = \frac{f_v\sigma_m}{2} \tag{2-2-4}$$

式中，$\Delta\sigma_{LT}$ 表示增加的应力；f_v 表示颗粒的体积分数；σ_m 表示基体的屈服强度。

纯 Mg 和 Mg-1Al-xCNTs [x（质量分数）=0.08%、0.15%、0.30%、0.60%] 复合材料的拉伸断口扫描图和压缩断口扫描图见图 2-2-11。从 SEM 拉伸断口扫描图中可以很清晰地看到纯 Mg 和 Mg-1Al-xCNTs 复合材料呈脆性断裂，这是因为 Mg 呈密排六方（HCP）结构，滑移系很少，塑性较差[83]。此外，从图中可以看到，在 Mg 和 Mg-1Al-xCNTs 复合材料的断口上分布着不同数量的裂纹，这也同样意味着材料的塑性较差。然而在图 2-2-11（c）中可以看到，Mg-1Al-0.15CNTs 复合材料的断口存在一些小的、酒窝状的韧窝，并且显微裂纹很少，这表明 Mg-1Al-0.15CNTs 复合材料的塑性变形能力得到了提升。同样的，从图 2-2-11 可以看到，纯 Mg 和 Mg-1Al-xCNTs［x（质量分数）＝0.08%、0.15%、0.30%、0.60%］复合材料的压缩断口形貌极其相似，这表明它们具有相似的压缩延长率（表 2-2-4）。

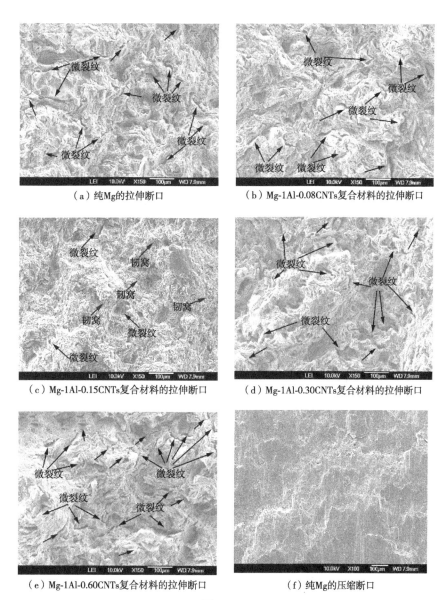

（a）纯Mg的拉伸断口　　　　　　　（b）Mg-1Al-0.08CNTs复合材料的拉伸断口

（c）Mg-1Al-0.15CNTs复合材料的拉伸断口　　（d）Mg-1Al-0.30CNTs复合材料的拉伸断口

（e）Mg-1Al-0.60CNTs复合材料的拉伸断口　　　　　　（f）纯Mg的压缩断口

图 2-2-11

（g）Mg-1Al-0.08CNTs复合材料的压缩断口　　　　（h）Mg-1Al-0.15CNTs复合材料的压缩断口

（i）Mg-1Al-0.30CNTs复合材料的压缩断口　　　　（j）Mg-1Al-0.60CNTs复合材料的压缩断口

图 2-2-11　纯 Mg 和 Mg-1Al-xCNTs [x（质量分数）＝0.08％、0.15％、0.30％、0.60％] 复合材料的断口扫描图

2.7　本章小结

① SPS 烧结结合热挤压工艺可以制备出几乎致密的 Mg-1Al-xCNTs 镁基复合材料。

② 与同样方法制备的纯 Mg 相比，SPS 烧结结合热挤压工艺制备出的 Mg-1Al-xCNTs 复合材料的拉伸性能和压缩性能均得到了很大提升。其中，Mg-1Al-0.15CNTs 镁基复合材料具有最好的机械性能，相对于纯镁，其具有更高的拉伸屈服强度（157MPa，提升约 60％）、拉伸极限强度（271MPa，提升约 44％）、压缩屈服强度（118MPa，提升约 46％）和压缩极限强度（321MPa，提升约 26％）；同时它还具有较高的拉伸延伸率和压缩延伸率，分别为 8.8％和 17.9％。

③ Mg-1Al-xCNTs 复合材料拉伸和压缩性能的提高可以归因于：a. Hall-Petch 增

强机制；b. Orowan 增强机制；c. 弹性模量错配增强机制和热膨胀系数错配增强机制；d. 载荷传递增强机制。

④ 相比于通过其他方法制备的 CNTs 增强镁基复合材料和选用其他增强颗粒（如 Al_2O_3、SiCp、Cu 等）作为增强相的镁基复合材料，本研究制备出的 Mg-1Al-xCNTs 镁基复合材料的性能更具有优势。

第3章

Mg-1Al-xSiC镁基复合
材料的组织和性能

3.1 Mg、Al、SiC 原始粉末

　　本章用到的原始材料有三种，包括 Mg 粉、Al 粉和纳米 SiC 颗粒。平均颗粒尺寸
为 150μm 的纯 Mg 粉（纯度 99.9%）作为基体材料，Al 粉（纯度 99.9%，颗粒尺寸
60μm）和 SiC 颗粒（纯度 99.9%，平均颗粒尺寸 60nm）作为增强相。原始 Mg 粉、
Al 粉和 SiC 颗粒的扫描电镜图（SEM）如图 2-3-1 所示。

图 2-3-1　原始粉末的扫描电镜图

3.2 Mg-1Al-*x*SiC 镁基复合材料的显微组织

通过 X 射线衍射（XRD）初步检测了纯 Mg、SiC 和 Mg-1Al-*x*SiC [*x*（质量分数）＝0.3％、0.6％、1.2％、2.4％] 复合材料的成分，它们的 XRD 扫描图如图 2-3-2所示。从图中可以看出，SiCp 的峰值主要出现在 $2\theta=35.656°$、$60.005°$ 和 $71.714°$处。Mg 的大部分峰值都被检测了出来，主要在 $2\theta=32.16°$、$34.39°$、$36.59°$、$47.80°$、$57.36°$、$63.05°$、$68.65°$和 $69.99°$处被观察到。然而，在所有 Mg-1Al-*x*SiC 复合材料的 XRD 扫描图中，并没有看到 Al 的峰值，这是因为 Al 的含量特别少，只占了总质量的 1％。同样的，因为 SiCp 的添加量也不多，所以只有在 Mg-1Al-2.4SiC 材料的 XRD 图谱中才看到了一处（35.656°）轻微的 SiCp 峰值，另外两处较弱的峰值并没有被观测到；而在其他三种 Mg-1Al-*x*SiC [*x*（质量分数）＝0.3％、0.6％、1.2％] 复合材料的 XRD 图中，只检测到了 Mg 成分。

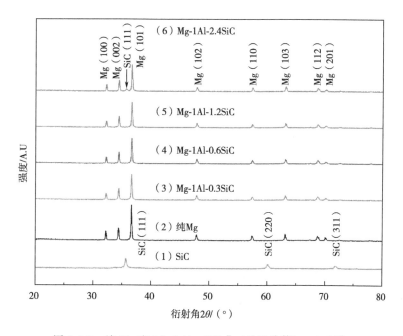

图 2-3-2　纯 Mg 和 Mg-1Al-*x*SiC [*x*（质量分数）＝0.3％、
0.6％、1.2％、2.4％] 复合材料的 XRD 图

Mg 粉末的 SEM 扫描图与经过搅拌和超声振动混合后的 Mg-1Al-*x*SiC [*x*（质量分数）＝0.3％、0.6％、1.2％、2.4％] 粉末的 SEM 扫描图如图 2-3-3 所示。从图中可以看到，有许多细小的颗粒均匀地分布在 Mg 颗粒的表面，这表明搅拌结合超声振动是一种可以使 Mg-1Al-*x*SiC 粉末混合均匀的有效方法。图 2-3-4 是图 2-3-3（j）区域

部分的能谱分析（EDS）图。从 EDS 图中可以确定，Mg 颗粒上分布均匀的小颗粒是 SiCp。从图 2-3-3（g）～（j）可以看到，当 SiCp 的含量（质量分数）超过 1.2%时，SiCp 出现团聚现象，但是它们仍然均匀地分布在 Mg 颗粒的表面。

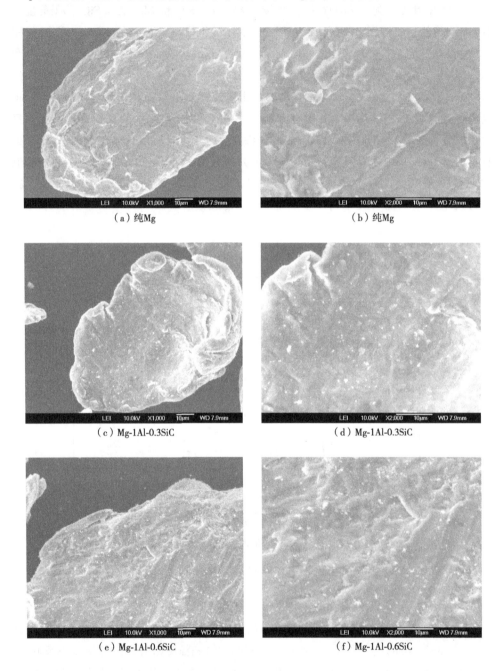

（a）纯Mg

（b）纯Mg

（c）Mg-1Al-0.3SiC

（d）Mg-1Al-0.3SiC

（e）Mg-1Al-0.6SiC

（f）Mg-1Al-0.6SiC

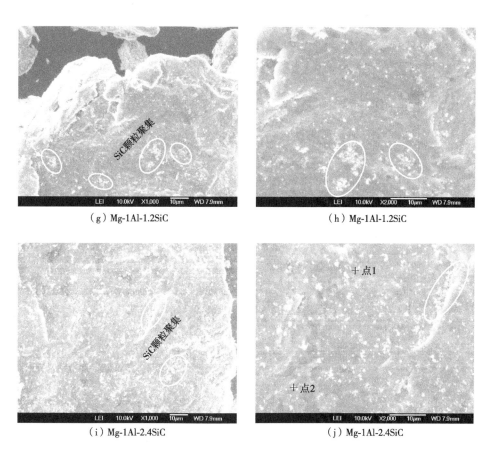

（g）Mg-1Al-1.2SiC

（h）Mg-1Al-1.2SiC

（i）Mg-1Al-2.4SiC

（j）Mg-1Al-2.4SiC

图 2-3-3　粉末表面的 SEM 图

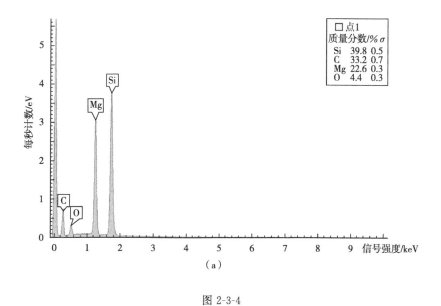

（a）

图 2-3-4

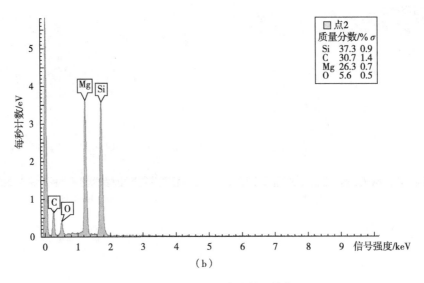

□ 点2		
质量分数/%		σ
Si	37.3	0.9
C	30.7	1.4
Mg	26.3	0.7
O	5.6	0.5

（b）

图 2-3-4　图 2-3-3（j）中选择区域的 EDS

通过放电等离子烧结（SPS）结合热挤压方法制备的纯 Mg 和 Mg-1Al-xSiC [x（质量分数）＝0.3％、0.6％、1.2％、2.4％]复合材料的表面显微组织扫描电镜 SEM 图如图 2-3-5 所示。从图 2-3-5（a）中可以看到，纯 Mg 表面平整光滑并且没有微孔，这表明了 Mg 颗粒间结合良好。而对于 Mg-1Al-xSiC 复合材料，Al 扩散进入 Mg 基体中，纳米 SiC 颗粒也均匀地分布在 Mg 基体中，并且随着 SiCp 含量的增加，SiCp 显示出聚集的趋势。此外，在纯 Mg 的扫描图中，并没有颗粒界面被观察到，这表明了放电等离子烧结技术（SPS）结合热挤压的方法可以制备出近乎完全致密的 Mg-1Al-xSiC 复合材料。为了更进一步核实 Al 和 SiCp 确实存在于 Mg-1Al-xSiC 复合材料中，用能谱扫描（EDS）对 Mg-1Al-2.4SiC 复合材料进行了面扫，如图 2-3-6 所示。从图中可以发现，Al 和 SiCp 均匀地嵌在 Mg 基体上。

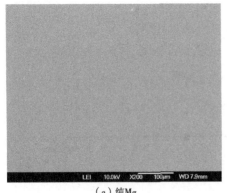

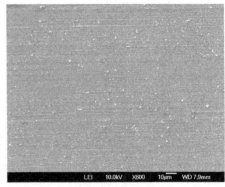

（a）纯Mg　　　　　　　　　　（b）Mg-1Al-0.3SiC

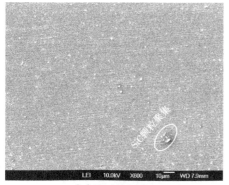 

（c）Mg-1Al-0.6SiC   （d）Mg-1Al-1.2SiC

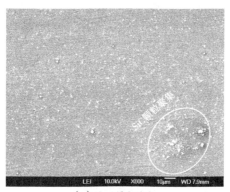

（e）Mg-1Al-2.4SiC

图 2-3-5 不同材料表面的 SEM 图

（a）Mg-1Al-2.4SiC复合材料   （b）Mg

图 2-3-6

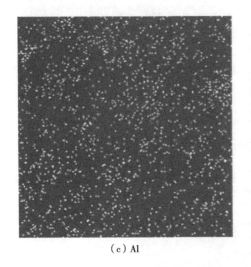
（c）Al

（d）Si

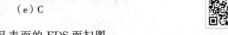
（e）C

图 2-3-6　样品表面的 EDS 面扫图

　　图 2-3-7 是纯 Mg 和 Mg-1Al-xSiC 复合材料在光镜下拍摄的金相显微图。如图 2-3-7（a）所示，纯 Mg 烧结良好，没有微孔，但是纯 Mg 颗粒的原始边界依然清晰可见，这表明了原始颗粒表面的氧化层在烧结后依然存在。更重要的是，随着 Mg-1Al-xSiC 复合材料中 SiCp 含量的增多，这些颗粒边界越来越明显，这可以归因于 SiCp 主要沿着 Mg 颗粒边界分布。从图 2-3-7 中可以看到，在所有的复合材料中，颗粒尺寸在 30～60 μm 的 Al 颗粒都沿着 Mg 颗粒边界分布，SiCp 也沿着原始 Mg 颗粒的边界分布，并且随着 SiCp 含量的增加，SiCp 开始在 Mg 边界上聚集。

　　从图 2-3-7 中可以看到，在 Mg-1Al-xSiC 复合材料中有一些再结晶晶粒。然而，

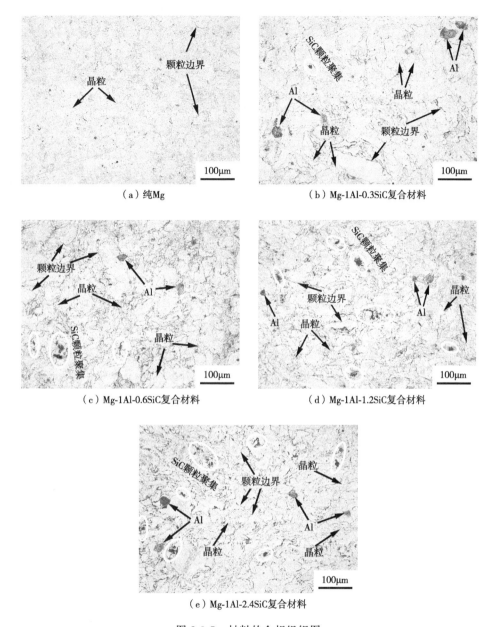

（a）纯Mg

（b）Mg-1Al-0.3SiC复合材料

（c）Mg-1Al-0.6SiC复合材料

（d）Mg-1Al-1.2SiC复合材料

（e）Mg-1Al-2.4SiC复合材料

图 2-3-7 材料的金相组织图

当 SiCp 的含量增多时，复合材料中的晶粒无论是在数量上还是在尺寸上都没有发生明显的改变。通常情况下，在热挤压过程中，温度大于 240℃ 的条件下，都会发生晶粒尺寸减小的动态再结晶（DRX）和典型的应力流动现象。但是，之前也有一些研究表明，在 Mg 合金中密集地散布着尺寸小于 1μm 的颗粒时，会阻碍或延迟组织的动态再结晶[85,86]。Robson 等[85]研究发现当 Mg 合金中分布着细小的颗粒时，Mg 合金会在热轧后由于再结晶动力受到阻碍而产生大量的不会再结晶的结构。Prasad 等[86]调查研究了 nano-Al₂O₃/Mg 在热压缩过程中的显微组织演化过程，他们发现材料的组织晶粒并没有发生很大的变化，这是因为 nano-Al₂O₃增强相颗粒的钉扎作用使晶粒边界更加稳定。因此同样的，在经过放电等离子烧结（SPS）结合热挤压方法制备出的 Mg-1Al-xSiC 复合材料中也没有出现大量的再结晶晶粒。

3.3　Mg-1Al-xSiC 镁基复合材料的密度分析

表 2-3-1 列出了纯 Mg 和 Mg-1Al-xSiC [x（质量分数）＝0.3％、0.6％、1.2％、2.4％] 复合材料的理论密度和实验密度。很明显，由于 Al 和 SiCp 的存在，Mg-1Al-xSiC 复合材料的密度均大于纯 Mg 的密度。值得注意的是，不管是纯 Mg 还是 Mg-1Al-xSiC 复合材料的测量密度均接近于它们的理论密度，它们的相对密度高达 99％以上。这也表明了放电等离子烧结技术（SPS）结合热挤压的方法是制备近乎致密的 Mg-1Al-xSiC 材料的有效方法。

表 2-3-1　纯 Mg 与 Mg-1Al-xSiC [x（质量分数）＝0.3％、0.6％、1.2％、2.4％]
复合材料的理论密度和实验密度

材料	理论密度/g·cm⁻³	实验密度/g·cm⁻³	相对密度/g·cm⁻³
纯 Mg	1.7400	1.7325	99.57％
Mg-1Al-0.3SiC	1.7540	1.7402	99.21％
Mg-1Al-0.6SiC	1.7585	1.7557	99.84％
Mg-1Al-1.2SiC	1.7674	1.7646	99.84％
Mg-1Al-2.4SiC	1.7851	1.7679	99.04％

3.4　Mg-1Al-xSiC 镁基复合材料的硬度测试

纯 Mg 和 Mg-1Al-xSiC [x（质量分数）＝0.3％、0.6％、1.2％、2.4％] 复合材料的硬度如图 2-3-8 所示。从图中可以很明显地观察到，Al 和 SiCp 的加入提高了镁基复合材料的硬度。此外，Mg-1Al-xSiC 复合材料的硬度随着 SiCp 含量的增加而增大。复合材料硬度的提升可以归因于 Mg 基体中存在着更强的增强相，当外界施加载荷后，材料的局部区域变形时由于增强相的存在而受到了约束，因此材料整体的硬度得到了提升[87,88]。Mg-1Al-2.4SiC复合材料在此实验的所有材料中硬度最大，和纯Mg材料相比，硬度提升了约54%。值得说明的是，Mg-1Al-2.4SiC复合材料的硬度比先前研究的一些其他增强相镁基复合材料的硬度还要大，比如10%（体积分数）B_4C/Mg复合材料[89]和10%（体积分数）TiB_2/Mg[90]复合材料。

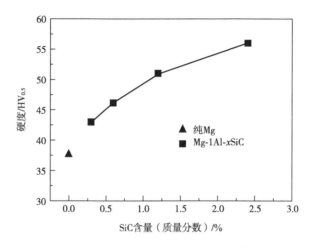

图 2-3-8 纯 Mg 与 Mg-1Al-xSiC [x（质量分数）＝0.3%、0.6%、1.2%、2.4%] 复合材料的硬度

3.5 Mg-1Al-xSiC 镁基复合材料的机械性能

3.5.1 拉伸性能和压缩性能

图 2-3-9 （a）是纯 Mg 和 Mg-1Al-xSiC [x（质量分数）＝0.3%、0.6%、1.2%、2.4%] 复合材料在室温条件下沿着 ED 方向拉伸测得的真应力应变曲线，材料的拉伸屈服强度（TYS）、拉伸极限强度（UTS）和拉伸延伸率（TFS）数据见表 2-3-2。从图 2-3-9 （a）和表 2-3-2 中可以清楚地看到，Mg-1Al-xSiC 复合材料的拉伸屈服强度和拉伸极限强度与纯 Mg 相比，均得到了很大的提升。在 Mg-1Al-xSiC 复合材料中，材料的拉伸屈服强度和拉伸极限强度随着 SiCp 含量的增多而增大，但是拉伸延伸率却随着 SiCp 含量的增多而有所下降。在本章的材料中，Mg-1Al-2.4SiC 复合材料具有最高的拉伸强度；纯 Mg 的拉伸屈服强度为 98MPa，Mg-1Al-2.4SiC 复合材料的拉伸屈服强度达到 186 MPa，提升了约 90%；纯 Mg 的拉伸极限强度为 188MPa，

Mg-1Al-2.4SiC 复合材料的拉伸极限强度达到了 262 MPa，提升了约 39%；而 Mg-1Al-xSiC [x（质量分数）=0.3%、0.6%、1.2%、2.4%] 复合材料的拉伸延伸率仅从纯镁的 5.1% 下降到 4.0%，只有少量的下降。在 Mg-1Al-xSiC [x（质量分数）=0.3%、0.6%、1.2%、2.4%] 复合材料中，随着 SiCp 含量的增加拉伸延伸率下降的现象可以归因于：随着 SiCp 含量的增加，SiCp 出现了团聚，这些团聚的 SiCp 阻碍限制了 Mg 基体的流动，因此在 SiCp 和 Mg 基体间形成了小孔，从而降低了材料的拉伸延伸率。

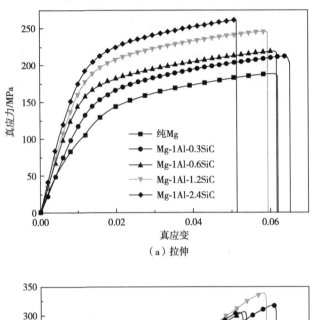

（a）拉伸

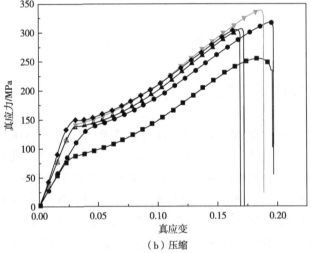

（b）压缩

图 2-3-9　纯 Mg 和 Mg-1Al-xSiC [x（质量分数）=0.3%、0.6%、1.2%、2.4%] 复合材料的真应力应变曲线

表 2-3-2 纯 Mg 和 Mg-1Al-xSiC［x（质量分数）＝0.3%、0.6%、1.2%、2.4%］
复合材料的拉伸与压缩性能

材料	拉伸屈服强度/MPa	拉伸极限强度/MPa	拉伸延伸率/%	压缩屈服强度/MPa	压缩极限强度/MPa	压缩延伸率/%
纯 Mg	98±4	188±3	5.1±0.7	81±2	255±4	17.0±0.4
Mg-1Al-0.3SiC	142±4	213±7	5.2±0.6	120±3	318±2	16.6±0.2
Mg-1Al-0.6SiC	156±2	220±8	5.2±0.7	135±2	306±4	14.3±0.3
Mg-1Al-1.2SiC	176±4	246±6	4.8±0.5	140±2	338±3	15.9±0.3
Mg-1Al-2.4SiC	186±3	262±6	4.0±0.7	147±4	304±4	13.9±0.4
AZ91D-15SiC[91]	134±2	204±3	1.2±0.1	—	—	—
AZ91-10SiC[92]	120	135	0.47	—	—	—
Mg-2.0Y$_2$O$_3$[93]	162±10	227±11	7.0±0.5	—	—	—
Mg-5.0Al$_2$O$_3$[94]	157±20	211±21	3.0±0.3	—	—	—
Mg-2.0CNT[95]	122±7	198±8	7.7±1.0	—	—	—
Mg-3.5SiC	33	115	8.6	62	285	—
Mg-0.8AlN[96]	129±5	176±5	6.3±0.4	71±3	307±17	18.3±2.3
Mg-1.2BN[97]	178±5	255±3	12.6±1.3	109±4	307±6	17.6±2.0
Mg-0.66B$_4$C[98]	120±5	164±6	10.0±0.3	100±3	335±10	11.8±1.8

纯 Mg 和 Mg-1Al-xSiC［x（质量分数）＝0.3%、0.6%、1.2%、2.4%］复合材料的压缩真应力应变曲线见图 2-3-9（b），材料的压缩屈服强度（CYS）、压缩极限强度（UCS）和压缩延伸率（CFS）如表 2-3-2 所示。可以发现，较纯 Mg 而言，Mg-1Al-xSiC［x（质量分数）＝0.3%、0.6%、1.2%、2.4%］复合材料的压缩机械性能得到了很大的提升。随着 SiCp 含量的增加，Mg-1Al-xSiC 复合材料的压缩屈服强度提升了很多，而压缩延伸率并没有大幅下降。在此实验的材料中，Mg-1Al-1.2SiC 复合材料具有最好的压缩机械性能。纯 Mg 的压缩屈服强度为 81MPa，Mg-1Al-1.2SiC 复合材料的压缩屈服强度达到了 140MPa，提升了约 73%；纯 Mg 的压缩极限强度为 255MPa，Mg-1Al-1.2SiC 复合材料的压缩极限强度达到了 338MPa，提升了约 33%；Mg-1Al-1.2SiC 复合材料的压缩延伸率保持在 15.9% 左右。

需要补充说明的是，本研究制备的 Mg-1Al-xSiC 复合材料的机械性能比以前其他研究者制备的镁基复合材料的性能更具优势，具体如表 2-3-2 所示。从表 2-3-2 中可以看到，Mg-1Al-xSiC 复合材料比经大量 SiCp 增强的 AZ91 合金具有更高的拉伸强度和延伸率[91,92]，Mg-1Al-1.2SiC 复合材料的拉伸强度比那些添加其他增强相（如 Y$_2$O$_3$、

Al_2O_3、CNT、AIN、BN 和 B_4C）增强的镁基复合材料的拉伸强度更高。此外，从表 2-3-2 中还可以看出，Mg-1Al-xSiC 复合材料的压缩强度比用搅拌铸造方法制备出的 SiCp 增强镁基复合材料的压缩强度更高[34]。和其他增强相（AIN、BN 和 B_4C 颗粒）增强的镁基复合材料相比，Mg-1Al-xSiC 复合材料具有更高的压缩强度参数。目前的研究表明，当添加 1% 的 Al 和少量的纳米 SiCp 颗粒时，可以有效地提高用放电等离子烧结技术（SPS）结合热挤压方法制备出的 Mg-1Al-xSiC 复合材料的机械性能。更重要的是，添加少量的价格昂贵的纳米 SiC 颗粒，并不会很大地提高镁基复合材料的成本和密度。这种对比表明了，具有更高压缩机械性能的 Mg-1Al-xSiC 复合材料可以通过放电等离子烧结（SPS）结合热挤压的方法成功地制备出来。

3.5.2 强化机制和断口分析

Mg-1Al-xSiC [x（质量分数）＝0.3%、0.6%、1.2%、2.4%] 复合材料在拉伸性能和压缩性能方面的大幅提高可以归因于以下几种增强机制：热膨胀系数（CTE）错配增强机制、Orowan 增强机制和载荷传递增强机制。

Mg、Al 和 SiC 的热膨胀系数（CTE）分别是 $25 \times 10^{-6} K^{-1}$、$23.6 \times 10^{-6} K^{-1}$ 和 $4.3 \times 10^{-6} K^{-1}$。在 Mg 基体和增强颗粒间的热膨胀系数强烈失配，这导致了 Mg 基体和增强相颗粒的结合面会产生大量的几何位错，这些在结合界面堆积起来的位错导致了 Mg-1Al-xSiC 复合材料强度的提高。复合材料因热膨胀系数失配而提升的屈服强度应力（$\Delta\sigma_{CTE}$）可以用以下方程式进行描述[81]：

$$\Delta\sigma_{CTE} = \sqrt{3}\beta G_m b \sqrt{\frac{12\Delta T \Delta C V_p}{(1-V_p)bd_p}} \qquad (2\text{-}3\text{-}1)$$

式中，β 表示增强系数；G_m 表示 Mg 基体的剪切模量；b 表示基体的伯格斯矢量；ΔT 表示挤压过程的温度和室温的温度差值；ΔC 表示基体与增强相热膨胀系数的差值；V_p 表示增强相颗粒的体积分数；d_p 表示增强相颗粒的尺寸。

根据 Orowan 机制，由于纳米颗粒的分布导致位错的运动受到阻碍而提高材料的强度[72]。由于在位错运动时遇到增强相颗粒产生了反向应力，阻碍了位错的迁移，因此在增强相颗粒周围形成了位错环导致材料屈服强度的提升[68,84]。Orowan 机制增强的应力 $\Delta\sigma_{Orowan}$ 可以用 Orowan-Ashby 方程式表示[74]：

$$\Delta\sigma_{Orowan} = \frac{0.13 G_m b}{\lambda} \ln\frac{d_p}{2b} \qquad (2\text{-}3\text{-}2)$$

式中，λ 代表颗粒间距，用以下方程式计算[75]：

$$\lambda \approx \left(\frac{1}{2V_p}\right)^{\frac{1}{3}} - 1 \qquad (2\text{-}3\text{-}3)$$

在挤压过程中，界面结合程度的好坏决定了载荷能否从较软的基体传至较硬的增强体中。从图 2-3-6 的能谱扫描中可以看到，增强相颗粒均匀地分布在镁基体上，这表明了基体可以把载荷有效地传递给增强相，因此材料的强度可以得到提升。载荷传递引起的屈服强度提升可以用以下方程式进行表达[83]：

$$\Delta\sigma_{LT} = \frac{f_v \sigma_m}{2} \tag{2-3-4}$$

式中，$\Delta\sigma_{LT}$ 表示屈服强度的提升；f_v 表示增强颗粒的体积分数；σ_m 表示 Mg 基体的工程屈服强度。

基于表 2-3-3 列出的计算理论屈服强度所需的参数值，复合材料的理论屈服强度可以根据上述陈列的增强机制用以下公式来计算：

$$\sigma_{theoretical} = \sigma_m + \Delta\sigma_{LT} + \Delta\sigma_{CTE} + \Delta\sigma_{Orowan} \tag{2-3-5}$$

表 2-3-3　计算理论屈服强度所需的各个参数值[82]

β	G_m/MPa	b/nm	ΔT/K	ΔC/K^{-1}	d_p/nm	σ_m/MPa
1.25	1.66×10^4	0.321	380	20.7×10^{-6}	60	96

根据热膨胀系数失配（CTE）、Orowan 增强机制和载荷传递机制计算出的复合材料的理论工程应力强度如图 2-3-10 所示。为了方便比较，纯 Mg 和 Mg-1Al-xSiC 复合材料经过拉伸测试测得的实验工程屈服强度也在图 2-3-10 中呈现。不管是 Mg-1Al-xSiC 复合材料的理论屈服强度还是实验屈服强度，都随着材料中 SiCp 含量的增加而增大。从图中可以看到，实验屈服强度总是小于理论屈服强度，并且随着 SiCp 含量的增加，两者之间的差距越来越大，这是因为这种计算方法只是将不同强化机制导致的增强应力进行了简单的叠加。更重要的是，当 SiCp 的含量增大时，SiC 颗粒会出现聚集，这会降低原本使得 Mg-1Al-xSiC 复合材料的实验屈服强度增强的增强效果。

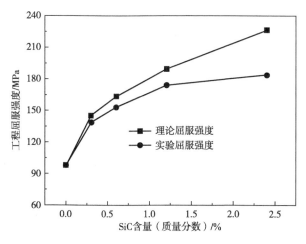

图 2-3-10　纯 Mg 和 Mg-1Al-xSiC [x（质量分数）=0.3%、0.6%、1.2%、2.4%]复合材料的理论与实验屈服强度对比

图 2-3-11 是纯 Mg 和 Mg-1Al-xSiC［x（质量分数）＝0.3％、0.6％、1.2％、2.4％］复合材料的拉伸断口扫描图和压缩断口扫描图。从图中可以很明显地看到，纯 Mg 和 Mg-1Al-xSiC 复合材料的断口结构十分相似，这和表 2-3-2 中列出的延伸率相一致。纯 Mg 和 Mg-1Al-xSiC 复合材料呈脆性断裂，这是因为 Mg 呈密排六方（HCP）结构，滑移系很少，塑性很差[99]。此外，在纯 Mg 和 Mg-1Al-xSiC 复合材料

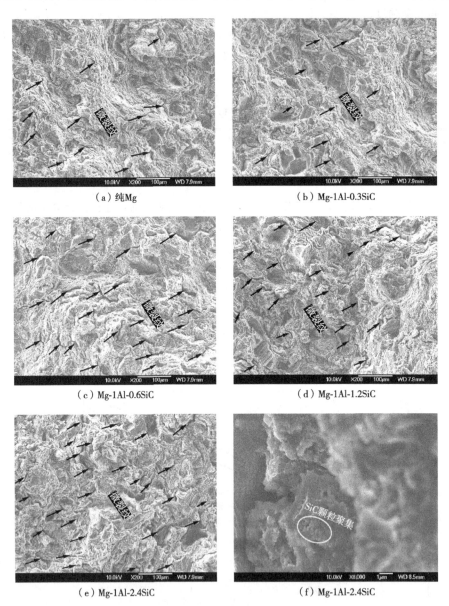

（a）纯Mg   （b）Mg-1Al-0.3SiC

（c）Mg-1Al-0.6SiC   （d）Mg-1Al-1.2SiC

（e）Mg-1Al-2.4SiC   （f）Mg-1Al-2.4SiC

图 2-3-11　纯 Mg、Mg-1Al-0.3SiC、Mg-1Al-0.6SiC、Mg-1Al-1.2SiC、
Mg-1Al-2.4SiC 的断口扫描图

的断口处发现在颗粒的边界上存在着许多微小的裂纹。这些微小的裂纹表明，在拉伸过程中断裂是从纯 Mg 和 Mg-1Al-xSiC 复合材料颗粒的边界开始的；团聚的 SiCp 可以在 Mg-1Al-1.2SiC 复合材料 [图 2-3-11 (f)] 断口的裂纹中发现。

3.6 本章小结

① SPS 烧结结合热挤压工艺可以制备出几乎致密的 Mg-1Al-xSiC 镁基复合材料。

② 相对于用同样方法制备出的纯 Mg，Mg-1Al-xSiCp 镁基复合材料的拉伸性能和压缩性能也得到了大幅度提高。例如，相对于纯 Mg，Mg-1Al-1.2SiC 镁基复合材料具有更高的拉伸屈服强度（176MPa，提升约 80%）、拉伸极限强度（246MPa，提升约 31%）、压缩屈服强度（140MPa，提升约 73%）和压缩极限强度（338MPa，提升约 33%）。

③ 热膨胀系数（CTE）错配增强机制、Orowan 增强机制和载荷传递增强机制共同导致了 Mg-1Al-xSiCp 镁基复合材料强度的提高。

④ 经理论计算，所制备的镁基复合材料的实验屈服强度总是低于理论屈服强度，并且随着纳米 SiCp 含量的增大，两者之间的差距也越来越大。

⑤ 相对于其他增强相（Y_2O_3、Al_2O_3、CNT、AIN、BN 和 B_4C）增强的镁基复合材料，本研究制备的 Mg-1Al-xSiC 镁基复合材料的机械性能更具有优势。

参考文献

[1] 贺睿. AZ81基稀土镁合金组织与腐蚀性能的研究 [D]. 焦作：河南理工大学，2010.

[2] 冯武锋，王春青，张磊. 材料设计的发展新趋势——材料设计计算方法 [J]. 材料科学与工艺，2000，8（4）：57-62.

[3] 周惦武，庄厚龙，刘金水，等. 镁合金材料的研究进展与发展趋势 [J]. 河南科技大学学报（自然科学版），2004，25（3）：14-18.

[4] 轻金属材料加工手册编写组. 轻金属材料加工手册 [M]. 北京：冶金工业出版社，2001.

[5] 余琨，黎文献，王日初，等. 变形镁合金的研究、开发及应用 [J]. 中国有色金属学报，2003，13（2）：277-288.

[6] 曾小勤. 稀土镁合金研究与应用进展 [J]. 稀土信息，2016，2：26-29.

[7] 陈晓. 原位自生颗粒增强镁基复合材料的研究 [D]. 长沙：中南大学，2005.

[8] 刘若男. 丙烯酸树脂弹性体复合薄膜的介电及电驱动性能研究 [D]. 南京：南京航空航天大学，2014.

[9] 周红. 冲击载荷下SPS夹层板系统损伤特性研究 [D]. 镇江：江苏科技大学，2013.

[10] 沈贤. 复合材料进展的回顾与前瞻 [J]. 高科技纤维与应用，2004，29（6）：39-42，45.

[11] 任富忠. 短碳纤维增强镁基复合材料的制备及其性能的研究 [D]. 重庆：重庆大学，2011.

[12] 沈军，谢怀勤. 先进复合材料在航空航天领域的研发与应用 [J]. 材料科学与工艺，2008，16（5）：737-740.

[13] 徐莺歌. 碳纳米管增强镁基复合材料的力学性能研究 [D]. 兰州：兰州理工大学，2010.

[14] 田君，李文芳，韩利发，等. 镁基复合材料的研究现状及发展 [J]. 材料导报，2009，23（17）：71-74.

[15] 周国华. 碳纳米管/AZ31镁基复合材料的制备与等径角挤压研究 [D]. 南昌：南昌大学，2010.

[16] 南宏强，李金山，巨少华，等. 半固态搅拌法制备B4Cp/AZ91复合材料热挤压态的组织与性能 [J]. 稀有金属材料与工程，2008，37（11）：2041-2044.

[17] 金亚旭，田玉明，闫时建，等. K2Ti6O13/AZ91D镁基复合材料的组织及耐蚀性能 [J]. 稀有金属材料与工程，2011，40（7）：1211-1215.

[18] 袁秋红，曾效舒，吴俊斌. 石墨烯增强AZ91镁基复合材料的力学性能 [J]. 机械工程材料，2016，40（8）：43-48.

[19] 闫洪，吴庆捷，黄昕. 钇对Mg2Si/AM60镁基复合材料力学性能及耐蚀性能的影响 [J]. 塑性工程学报，2011，18（5）：110-115.

[20] 李荣华，黄继华，殷声. 镁基复合材料研究现状与展望 [J]. 材料导报，2002，16（8）：17-19.

[21] 李四年，宋守志，余天庆，等. 铸造法制备纳米碳管增强镁基复合材料的力学性能研究 [J]. 铸造，2004，53（3）：190-193.

[22] 胡茂良，吉泽升，宋润宾，等. 镁基复合材料国内外研究现状及展望 [J]. 轻合金加工技术，2004，32（11）：10-14.

[23] 郝元恺，姜冀湘，赵恂. 碳化硼颗粒/镁合金复合材料的工艺与性能 [J]. 复合材料学报，1995，12（4）：8-11.

[24] 陈中芹，杨慰珺. 碳纳米管及其应用研究 [J]. 河北化工，2009，32（7）：8，9，23.

[25] 蔡潍. 二极管泵浦掺Nd（Tm）晶体脉冲激光特性研究 [D]. 济南：山东师范大学，2015.

[26] 成尔军. 碳纳米管及其应用研究 [J]. 中小企业管理与科技，2010（6）：225，226.

[27] Li W X, Nie Y F, Wang D D. Mechanical Behavior of CNTs/SiCp/AZ91D Magnesium Matrix Composites [J]. Materials Science Forum, 2011, 694: 635-639.

[28] Paramsothy M, Chan J, Kwok R, et al. Addition of CNTs to enhance tensile/compressive response of magnesium alloy ZK60A [J]. Composites Part A: Applied Science and Manufacturing, 2011, 42 (2): 180-188.

[29] Park Y H, Park Y H, Park I M, et al. Fabrication and Characterization of AZ91/CNT Magnesium Matrix Composites [J]. Materials Science Forum, 2009, 620-622: 271-274.

[30] Yuan Q H, Zeng X S, Liu Y, etc. Microstructure and mechanical properties of AZ91 alloy reinforced by carbon nanotubes coated with MgO [J]. Carbon, 2016, 96: 843-855.

[31] 田牧, 徐伟, 王英民, 等. 温度对碳化硅粉料合成的影响 [J]. 电子工艺技术, 2012 (3): 182-185.

[32] 苏通. SiC 颗粒增强镁基复合材料的制备与性能研究 [D]. 济南: 济南大学, 2006.

[33] 陈小伟. 粉末冶金法制备 SiCw/AZ91 复合材料研究 [D]. 郑州: 郑州大学, 2013.

[34] Matin A, Saniee F F, Abedi HR. Microstructure and mechanical properties of Mg/SiC and AZ80/SiC nano-composites fabricated through stir casting method [J]. Materials Science & Engineering A, 2015, 625: 81-88.

[35] Shen M J, Zhang M F, Ying W F. Processing, microstructure and mechanical properties of bimodal size SiCp reinforced AZ31B magnesium matrix composites [J]. Journal of Magnesium and Alloys, 2015, 3 (2): 162-167.

[36] Ferkel H, Mordike B L. Magnesium strengthened by SiC nanoparticles [J]. Materials Science and Engineering: A, 2001, 298 (1-2): 193-199.

[37] Luo D, Pei C H, Rong J, et al. Microstructure and mechanical properties of SiC particles reinforced Mg-8Al-1Sn magnesium matrix composites fabricated by powder metallurgy [J]. Powder Metallurgy, 2015, 58 (5): 349-353.

[38] 杨林冲, 王坦, 张永超, 等. CNTs 增强镁基复合材料研究现状 [J]. 创新科技, 2014, 2: 66, 67.

[39] 盛绍顶. 快速凝固 AZ91 镁合金及其颗粒增强复合材料的研究 [D]. 长沙: 湖南大学, 2008.

[40] 周国华, 曾效舒, 袁秋红, 等. 消失模铸造法制备 CNTs/ZM5 镁合金复合材料的研究 [J]. 热加工工艺, 2008, 37 (9): 11-18.

[41] 谭娟, 马南钢. 镁基复合材料的制备方法研究 [J]. 材料导报, 2006, 20 (z2): 261-264.

[42] 杜文博, 严振杰, 吴玉锋, 等. 镁基复合材料的制备方法与新工艺 [J]. 稀有金属材料与工程, 2009, 38 (3): 559-564.

[43] 李谦, 蒋利军, 鲁雄刚, 等. Mg-Ni-Ti19Cr50V22Mn9 的结构及氢化动力学研究 [J]. 稀有金属材料与工程, 2006, 35 (12): 1859-1863.

[44] 王建军, 王智民, 郑晶. 镁基复合材料的制备技术及其超塑性研究 [J]. 铸造, 2006, 55 (5): 477-481.

[45] 张久兴, 刘科高, 周美玲. 放电等离子烧结技术的发展和应用 [J]. 粉末冶金技术, 2002, 20 (3): 129-134.

[46] 冯海波, 周玉, 贾德昌. 放电等离子烧结技术的原理及应用 [J]. 材料科学与工艺, 2003, 11 (3): 327-331.

[47] 马垚, 周张健, 姚伟志, 等. 放电等离子烧结 (SPS) 制备金属材料研究进展 [J]. 材料导报, 2008, 22 (7): 60-64.

[48] 张久兴，岳明，宋晓艳，等. 放电等离子烧结技术与新材料研究 [J]. 功能材料，2004，35（z1）：94-105.

[49] 张艳峰. 放电等离子烧结（SPS）制备层状钴基氧化物热电材料 [D]. 北京：北京工业大学，2005.

[50] 黎文献. 镁及镁合金 [M]. 长沙：中南大学出版社，2005.

[51] 陆国桢. 镁合金轮毂扩-收挤压近均匀成型技术研究 [D]. 太原：中北大学，2014.

[52] 张英. 金属锂型材加工设备的控制系统的设计 [D]. 天津：天津大学，2010.

[53] 徐宏妍，李智勇. AZ91D 镁合金电偶腐蚀的研究 [J]. 中国腐蚀与防护学报，2013，33（4）：298-305.

[54] Wang F C, Zhang Z H, Sun Y J, et al. Rapid and low temperature spark plasma sintering synthesis of novel carbon nanotube reinforced titanium matrix composites [J]. Carbon, 2015, 95: 396-407.

[55] Muhammad W N A W, Sajuri Z, Mutoh Y, et al. Microstructure and mechanical properties of magnesium composites prepared by spark plasma sintering technology [J]. Journal of Alloys and Compounds, 2011, 509 (20): 6021-6029.

[56] Straffelini G, Dione Da Costa L, Menapace C, et al. Properties of AZ91 alloy produced by spark plasma sintering and extrusion [J]. Powder Metallurgy, 2013, 56 (5): 405-410.

[57] Straffelini G, Nogueira A P, Muterlle P, et al. Spark plasma sintering and hot compression behaviour of AZ91 Mg alloy [J]. Materials Science and Technology, 2013, 27 (10): 1582-1587.

[58] Zheng B, Ertorer O, Li Y, et al. High strength, nano-structured Mg-Al-Zn alloy [J]. Materials Science & Engineering A, 2011, 528 (4-5): 2180-2191.

[59] Deng K K, Wang X J, Zheng M Y, et al. Dynamic recrystallization behavior during hot deformation and mechanical properties of 0.2 μm SiCp reinforced Mg matrix composite [J]. Materials Science & Engineering A, 2013, 560: 824-830.

[60] Doherty R D, Hughes D A, Humphreys F J, et al. Current issues in recrystallization: A review [J]. Materials Science & Engineering A, 1997, 238 (2): 219-274.

[61] Humphreys F J, Kalu P N. Dislocation-particle interactions during high temperature deformation of two-phase aluminium alloys [J]. Acta Metallurgica. 1987, 35: 2815-2829.

[62] Rashad M, Pan F, Tang A, et al. Synergetic effect of graphene nanoplatelets (GNPs) and multi-walled carbon nanotube (MW-CNTs) on mechanical properties of pure magnesium [J]. Journal of Alloys and Compounds, 2014, 603: 111-118.

[63] Habibnejad-Korayem M, Poole W J. Enhanced properties of Mg-based nano-composites reinforced with Al_2O_3 nano-particles [J]. Materials Science & Engineering A, 2009, 519 (1-2): 198-203.

[64] Kim D, Seong B, Van G, et al. Microstructures and Mechanical Properties of CNT/AZ31 Composites Produced by Mechanical Alloying [J]. Current Nanoscience, 2014, 10: 40-46.

[65] Shimizu Y, Miki S, Soga T, et al. Multi-walled carbon nanotube-reinforced magnesium alloy composites [J]. Scripta Materialia, 2008, 58 (4): 267-270.

[66] Wong W L E, Gupta M. Development of Mg/Cu nanocomposites using microwave assisted rapid sintering [J]. Compos Sci Technol, 2007, 67: 1541.

[67] Das A, Harimkar S P. Effect of graphene nanoplate and silicon carbide nanoparticle reinforcement on mechanical and tribological properties of spark plasma sintered magnesium matrix composites [J]. Journal of Materials Science & Technology, 2014, 30 (11): 1059-1070.

[68] Nguyen Q，Gupta M. Enhancing compressive response of AZ31B magnesium alloy using alumina nanoparticulates [J]. Composites Science and Technology，2008，68 (10-11)：2185-2192.

[69] Habibi M K，Joshi S P，Gupta M. Hierarchical magnesium nano-composites for enhanced mechanical response [J]. Acta Materialia，2010，58 (18)：6104-6114.

[70] Habibi M K，Gupta M，Joshi S P. Size-effects in textural strengthening of hierarchical magnesium nano-composites [J]. Materials Science & Engineering A，2012，556：855-863.

[71] Wong W L E，Gupta M. Simultaneously improving strength and ductility of magnesium using nano-size SiC particulates and microwaves [J]. Advanced Engineering Materials，2006，8 (8)：735-740.

[72] Zhang Z，Chen D. Consideration of orowan strengthening effect in particulate-reinforced metal matrix nanocomposites：A model for predicting their yield strength [J]. Scripta Materialia，2006，54 (7)：1321-1326.

[73] Rashad M，Pan F，Tang A，et al. Improved strength and ductility of magnesium with addition of aluminum and graphene nanoplatelets（Al+GNPs）using semi powder metallurgy method [J]. Journal of Industrial and Engineering Chemistry，2015，23：243-250.

[74] AikinJr R M，Christodoulou L. The role of equiaxed particles on the yield stress of composites [J]. Scripta Metallurgica et Materialia，1991，25：9-14.

[75] Zhang Q，Chen D L. A model for predicting the particle size dependence of the low cycle fatigue life in discontinuously reinforced MMCs [J]. Scripta Materialia，2004，51 (9)：863-867.

[76] Meyers. Mechanical Behavior of Materials：Society of Materials Science [M]. Japan，1972.

[77] 王晋，连杰 . 谈钢结构在土木工程中的应用 [J]. 科技与企业，2011，13：159.

[78] Lee J U，Yoon D，Cheong H. Estimation of Young's modulus of graphene by Raman spectroscopy [J]. Nano Lett，2012，12 (9)：4444-4448.

[79] Száraz Z，Trojanová Z，Cabbibo M，et al. Strengthening in a WE54 magnesium alloy containing SiC particles [J]. Materials Science & Engineering A，2007，462 (1-2)：225-229.

[80] Dai L H，Bai Y L. Size-dependent inelastic behavior of particle-reinforced metal-matrix composites [J]. Composites Science and Technology，2001，61 (8)：1057-1063.

[81] Miller W S，Humphreys F J. Strengthening mechanisms in particulate metal matrix composites [J]. Scripta Metallurgica et Materialia，1991，25 (1)：33-38.

[82] Frost H J，Ashby M F. Deformation-mechanism maps：the plasticity and creep of metals and ceramics [M]. Pergamon Press，1982.

[83] Luster J W，Thumann M，Baumann R. Mechanical properties of aluminium alloy 6061-Al2O3 composites [J]. Materials Science and Technology，1993，9 (10)：853-862.

[84] Clyne T W，Withers P J. An Introduction to Metal Matrix Composites [M]. Cambridge University Press，1994.

[85] Robson J D，Henry D T，Davis B. Particle effects on recrystallization in magnesium-manganese alloys：Particle pinning [J]. Materials Science & Engineering A，2011，528 (12)：4239-4247.

[86] Prasad Y V R K，Rao K P，Gupta M. Kinetics of Hot Deformation in Mg/Nano-Al2O3 Composite [J]. Journal of Composite Materials，2010，44 (44)：181-194.

[87] Gupta M，Lai M O，Saravanaranganathan D. Synthesis，microstructure and properties characterization of disintegrated melt deposited Mg/SiC composites [J]. Journal of Materials Science，2000，35 (9)：

2155-2165.

［88］Rashad M，Pan F，Asif M，et al. Improving properties of Mg with Al-Cu additions ［J］. Materials Characterization，2014，95：140-147.

［89］Jiang Q C，Wang H Y，Ma B X，et al. Fabrication of B4C particulate reinforced magnesium matrix composite by powder metallurgy ［J］. Journal of Alloys and Compounds，2005，386 (1-2)：177-181.

［90］Wang Y，Wang H Y，Xiu K，et al. Fabrication of TiB2 particulate reinforced magnesium matrix composites by two-step processing method ［J］. Materials Letters，2006，60 (12)：1533-1537.

［91］Poddar P，Srivastava V C，De P K，et al. Processing and mechanical properties of SiC reinforced cast magnesium matrix composites by stir casting process ［J］. Materials Science & Engineering A，2007，460-461：357-364.

［92］Chua B W，Lu L，Lai M O. Influence of SiC particles on mechanical properties of Mg based composite ［J］. Composite Structures，1999，47 (1-4)：595-601.

［93］Goh C S，Gupta M，Wei J，et al. The Cyclic Deformation Behavior of Mg--Y2O3 Nanocomposites ［J］. Journal of Composite Materials，2008，42 (19)：2039-2050.

［94］Wong W L E，Karthik S，Gupta M. Development of hybrid Mg/Al2O3 composites with improved properties using microwave assisted rapid sintering route ［J］. Journal of Materials Science，2005，40 (13)：3395-3402.

［95］Goh C S，Wei J，Lee L C，et al. Simultaneous enhancement in strength and ductility by reinforcing magnesium with carbon nanotubes ［J］. Materials Science & Engineering A，2006，423 (1-2)：153-156.

［96］Sankaranarayanan S，Habibi M K，Jayalakshmi S，et al. Nano-AlN particle reinforced Mg composites：microstructural and mechanical properties ［J］. Materials Science and Technology，2015，9：1122-1131.

［97］Sankaranarayanan S，Sabat R，Jayalakshmi S，et al. Mg/BN nanocomposites：Nano-BN addition for enhanced room temperature tensile and compressive response ［J］. Journal of Composite Materials，2015，49 (24)：1-11.

［98］Habibi M K，Hamouda A S，Gupta M. Hybridizing boron carbide (B4C) particles with aluminum (Al) to enhance the mechanical response of magnesium based nano-composites ［J］. Journal of Alloys and Compounds，2013，550：83-93.

［99］Reed-Hill R E，Robertson W D. The crystallographic characteristics of fracture in magnesium single crystals ［J］. Acta Metallurgica，1957，5 (12)：728-737.

第 3 篇

分流转角正挤压增强增韧AZ31镁合金

第 1 章

镁合金增强增韧的塑性加工技术

镁合金材料相比于其他合金材料具有密度低（约 1.8g/cm³）、强度高、弹性模量大、散热性能好、减振性能好、抗冲击载荷性能好、抗有机物腐蚀和碱度性能好、储藏丰富、可循环再利用以及易于回收等特点，因此广泛应用于汽车、航天航空、军工以及 3C 电子产业等领域[1-5]。

由镁合金材料的研究及应用现状发现，制约镁合金材料广泛使用的主要原因是其室温塑性变形能力差，对此可通过合金化、热处理以及晶粒细化等手段进行改善[6,7]。等通道转角挤压技术[8]、往复挤压技术[9]以及高压扭转技术[10]等传统大塑性变形技术可通过改变材料的受力状态以及累积大量应变实现晶粒的细化与性能的优化[11]，但是变形过程中产生的织构对材料的组织与综合力学性能有较大的影响，因此在获得高性能的前提下如何对变形过程中的组织及织构进行有效的调控成为近年来镁合金研究工作的重点。本篇研究的目的是获得一种生产效率高、工艺简单、成本低廉，可一道次成型且可有效调控材料组织及织构的新型大塑性变形技术。

1.1 镁合金的晶粒细化

近年来，许多科研工作者都投身于提高镁合金性能方向上的研究，包括固溶强化、第二相强化（析出强化、弥散强化）、合金化、时效沉淀强化和晶粒细化等[12]。其中细化晶粒可以在提高材料强度的同时改善其塑韧性，是提高材料性能最有效的方法。当镁合金的晶粒尺寸细化到 8 μm 以下时，细晶可提高晶界的协调变形能力，其脆性-延性转变温度已到室温。因此，细化晶粒是提高镁合金综合性能的重要手段。常见的镁合金晶粒细化方法有大挤压比挤压和大塑性变形技术等。

1.1.1　大挤压比挤压

镁合金在挤压过程中受到强烈的三向压应力，为其提供一个静水压的变形环境，从而提高镁合金的变形能力[13]。采用大挤压比挤压（变形量80％以上）能够有效地细化镁合金的晶粒。AZ31合金在623K、100∶1挤压比条件下挤压后，晶粒尺寸由15μm细化至5μm[14]；ZK60在583K、100∶1挤压比条件下挤压后，晶粒尺寸可细化至2.8μm[15]。Y. J. Chen等[16]研究了250℃条件下AZ31合金经挤压比7、24、39、70和100的反挤压工艺。结果表明，随着挤压比的增加，合金的组织能够得到有效的细化，室温下的力学性能也得到了显著提高。

Y. Uematsu等[17]研究发现，在三种不同挤压比（39、67、133）、挤压温度626K条件下变形后，AZ61A的晶粒尺寸分别为4.8 μm、4.7 μm和3.9μm。

尹从娟等[18]研究了挤压比和挤压温度对AZ31镁合金微观组织和力学性能的影响。结果表明，挤压工艺可以显著改善AZ31合金的微观组织，挤压比越大，晶粒尺寸越细小，力学性能越好。当挤压比为35、挤压温度为350℃时，可得到细化均匀的组织和良好的力学性能；挤压温度升高到400℃，晶粒会变粗大。

1.1.2　等通道挤压

等通道挤压（ECAE）是一种以纯剪切方式实现块体材料大塑性变形的工艺[19]，变形前后材料的横截面积和形状不变，是目前最具有商业应用前景的大塑性变形（SPD）技术，也是制备超细晶材料最有潜力的方法之一[20]。有研究表明[21,22]，ECAE模具内转角 Φ 是影响材料应变量的主要因素，其大小决定了一次ECAE变形的应变量，进而影响晶粒的细化效果。用ECAE工艺对AZ31合金进行挤压，当 $\Phi=60°$ 时，材料的平均晶粒尺寸为0.3μm；当 $\Phi=90°$ 时，材料的平均晶粒尺寸为0.36μm。取纯铝材料进行两种ECAE模具挤压后，其平均晶粒尺寸分别为1.1μm和1.3μm。

1.1.3　往复挤压

往复挤压（CEC）工艺可使材料反复进行正挤压与墩粗，挤压前后材料的横截面形状保持不变，因而多次CEC工艺处理后材料可产生极大的应变。CEC能够制备大尺寸、超细晶材料，在工业上的应用前景广阔[23]。Wang等[24]对AZ31镁合金经过CEC挤压后的组织进行了分析，结果表明，300℃下经7道次的CEC处理后，材料的平均晶粒尺寸达到1.77μm。张陆军[25]对AZ61镁合金进行了CEC变形处理，分析结果表明往复挤压工艺对AZ61镁合金的晶粒细化效果十分明显；初始晶粒度为50μm

左右的 AZ61 镁合金在 300℃ 下进行 15 道次的 CEC 变形，得到了平均晶粒度为 0.8 μm 的细晶组织。

1.1.4 高压扭转

高压扭转（HPT）工艺是细化材料晶粒最强的大塑性变形技术。它是通过上下模具之间的超高压力，对材料进行扭转变形处理；材料发生轴向压缩与切向剪切，最终可获得均匀的超细晶甚至纳米晶组织。相关研究表明[26,27]，AZ80 镁合金在 15 圈 HPT 变形后可获得平均晶粒尺寸为 50nm 的均匀等轴晶组织；铸态 Mg-Gd-Y-Zn-Zr 合金的晶粒组织随 HPT 圈数的增加而减小，当等效应变为 6.0 时，得到均匀的细晶组织，平均晶粒尺寸为 55nm。

1.2 镁合金的织构调控

传统正挤压制备的材料会造成（0002）基面和 $<10\bar{1}0>$ 晶向平行于挤压方向，使得大部分晶粒的 c 轴平行于板材的法向（ND）排列，较强的基面织构会造成材料的各向异性较大不利于材料成型。在材料塑性成型过程中引入剪切力可使材料的上下表面存在流速差，从而形成沿厚度方向的应变梯度。引入剪切力不仅可以使材料产生"搓轧区"还可叠增材料的等效应变，以期细化材料的晶粒，增强其塑韧性和弱化基面织构。

等通道挤压是一种以纯剪切方式实现块体材料大塑性变形的工艺，变形前后材料的横截面积和形状不变。ECAE 工艺对材料基面晶粒取向的影响如图 3-1-1 所示。经过等通道挤压变形后的镁合金形成的织构特征主要有两种类型，一种是晶粒 c 轴垂直于挤压方向，另一种是晶粒 c 轴垂直于剪切面。有研究报道出，通过 ECAE 技术可改变 AZ31 合金（0001）基面的晶粒取向分布，从而明显提高其室温下的塑性。变形后织构的形成是影响镁合金室温延伸率的主要因素。经由 ECAE 挤压后镁合金的晶粒得到了有效细化，延伸率大幅提高，抗拉强度有所降低，其原因是在 ECAE 挤压过程中形成的织构弱化作用超过了晶粒细化的作用。大量对于 ECAE 工艺的研究表明，在材料晶粒尺寸相同的情况下，利用 ECAP 工艺制备的材料与传统挤压法制备的材料相比其室温拉伸塑性从 17% 提升至 50%，这一结果预示着通过调控织构来提高镁合金板材的塑性变形能力有着巨大的潜力[28-30]。

图 3-1-2 为 AZ31 镁合金在 ECAE 过程中的不同部位（0002）极图。实验所用的原料为常规 AZ31 挤压棒材，具有典型的挤压织构，变形温度为 523K。从图中可以看

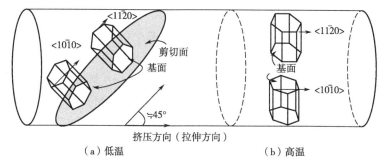

（a）低温   （b）高温

图 3-1-1   ECAE 工艺对材料基面晶粒取向的影响[29]

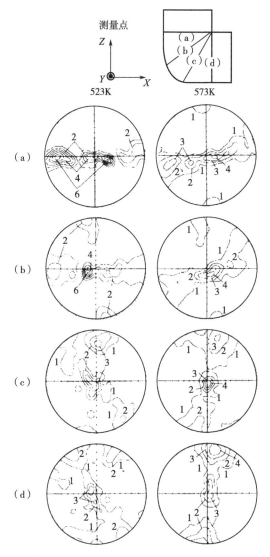

图 3-1-2   AZ31 镁合金在 ECAE 不同部位的织构特征[31]

到，在变形入口区域（a）处晶粒取向无明显变化，之后金属向 ECAE 变形区流动；在部位（b）处，晶粒 c 轴平行于 X 方向的晶粒减少，平行于 Z 方向的晶粒明显增多。在部位（c）处，接近变形区域出口侧，材料基面织构完全消失，产生了基面倾斜于 X 方向的新取向，最终在变形区域出口处的部位（d）处形成基面与 Z 轴方向呈 30°左右的织构，然而晶粒 c 轴平行于 Y 方向的晶粒在 ECAE 挤压后其方向不发生变化。当挤压温度为 573K 时，织构的演变规律发生了明显的变化。在变形入口区（a）处，初始织构绕 Y 轴方向发生了转动，晶粒 c 轴倾向于平行 Z 轴。随着变形程度的增加 c 轴转动的角度增大，一部分晶粒的 c 轴趋向于平行 Y 方向，而另一部分晶粒的 c 轴则趋向于垂直 Y 方向，并最终产生了一种晶粒 c 轴平行于 Y 或 Z 方向的复杂织构[29]。

基于 ECAE 工艺优异的改善镁合金基面织构的作用，大量学者对镁合金板材的制备工艺进行了创新研究，相继提出了等径角轧制、异步轧制、板材叠加等通道挤压、非对称板材挤压和梯度与弧形挤压等工艺。

1.2.1　等径角轧制

等径角轧制（equal channel angular rolling，ECAR）镁合金板材工艺是在大塑性变形 ECAE 等径角挤压工艺原理的基础上，结合连续剪切变形工艺而发展出的一项特殊的轧制成型工艺。图 3-1-3 为 ECAR 工艺示意图。等径角轧制由湖南大学的陈振华教授课题组首先提出，采用普通的双辊轧机，模具的进口和出口由模具的上模和下模构成，相对位置可以在较大的范围内调整，因此可制备的板材厚度也能在大范围内变化。ECAR 模具分为普通轧制区和剪切变形区，镁合金坯料经过双辊轧机的普通区后以轧板的形态直接进入剪切变形区，剪切区模具的上模和下模为非对称结构，因此可在板材变形时引入一个剪切应力；并且上下模可以进行更换以调整剪切通道处的夹角，达到调整 ECAE 变形量的目的。等径角轧制（ECAR）制备的镁合金板材，晶粒取向由（0002）基面取向变成基面与非基面共存的取向，晶粒尺寸略有长大，有孪晶出现。

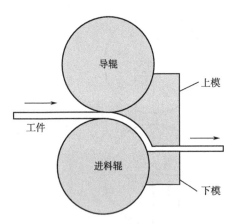

图 3-1-3　等径角轧制（ECAR）工艺示意图[32]

1.2.2 异步轧制

20 世纪 40 年代初，德国和苏联提出了一种以非对称流变为特征的异步轧制（differential speed rolling，DSR）过程。异步轧制是为了降低轧制压力、提高板带材加工效率而发展起来的一种新型的变形工艺，其工作原理是两个轧辊的圆周线速度不同的轧制过程，包括异径异步轧制和同径异步轧制。图 3-1-4 为同步轧制和异步轧制变形区的摩擦力分布情况。其中异步轧制由于上下轧辊的线速度不同，使得板材上、下接触面的摩擦力方向相反，形成一个"搓轧区"，因而造成厚度方向上金属流动速度的不同，引起板材的剪切变形，使板材的金相组织、晶粒取向和力学性能发生变化。H. Watanabe 等[33]的研究表明，异步轧制工艺不仅能减弱 AZ31 镁合金板材的基面织构，使板材晶粒得到细化，力学性能提高，并且比单辊轧制工艺具有更好的可控性。

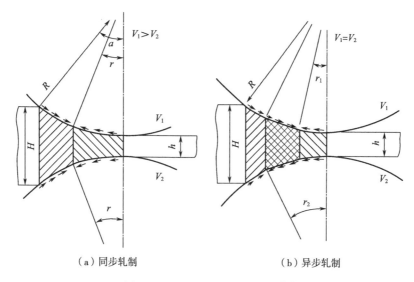

（a）同步轧制　　　　　　　　　（b）异步轧制

图 3-1-4　同步轧制与异步轧制[34]

1.2.3 非对称挤压

Yang 等[35,36]提出了非对称剪切挤压的思路，设计了渐进式非对称挤压（PASE）、大应变非对称挤压（SASE）和变截面非对称挤压（VASE）三种非对称剪切挤压模具。如图 3-1-5 所示，三种非对称剪切挤压模具的共同特点是挤压过程中板材在厚度方向上的流速不同，表现为挤压模具出口板材的中性面会向流速较快一端偏移，造成中间位置材料所受的摩擦力与挤压模具上下表面摩擦力的方向相反。研究表明，与对称挤压镁合金板材相比，PASE 板材的基面织构有明显的弱化和偏转，分别向 ED 偏转了 12°、15°和 20°，板材的成型性能提高；SASE 板材的屈服强度由 161.2MPa 提高到了 179.9MPa，晶粒组织得到一定程度的细化；VASE 工艺制备的镁合金板材晶粒细化至 5μm 左右，屈服强度提高到 171.5MPa，基面织构减弱并沿挤压方向发生偏转。

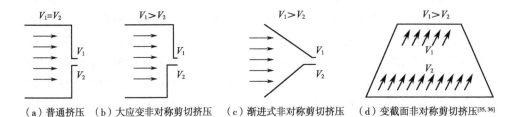

（a）普通挤压　（b）大应变非对称剪切挤压　（c）渐进式非对称剪切挤压　（d）变截面非对称剪切挤压[35, 36]

图 3-1-5　普通挤压与非对称挤压模具示意图

1.2.4　梯度与弧形挤压

徐军[37]提出了厚向梯度、横向梯度和三维弧形三种镁合金板材挤压工艺，模具结构如图 3-1-6 所示。研究表明：①厚向梯度挤压工艺采用不同的模具角度，可将板材厚度方向的晶粒细化至 7~8μm。模具角度采用 45°制备的 AZ31 镁合金板材具有最均匀的动态再结晶组织和最低的织构强度（8.0）。力学性能方面，与传统的挤压板材相比，厚向梯度挤压板材有着较低的屈服强度和较高的延伸率，r 值（塑性应变比）小，n 值（加工硬化指数）大。②横向梯度挤压工艺使得 TD 方向材料的流速不同。由于在挤压过程中沿镁合金板材 TD 方向引入一个分流速 V_{TD}，导致 AZ31 板材沿 TD

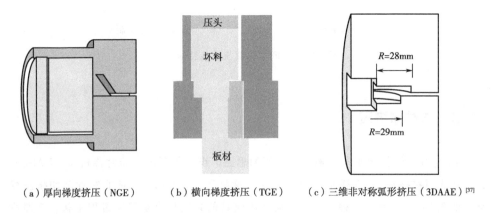

（a）厚向梯度挤压（NGE）　　（b）横向梯度挤压（TGE）　　（c）三维非对称弧形挤压（3DAAE）[37]

图 3-1-6　梯度与弧形挤压模具示意图

方向呈现出不同的织构特征，晶粒基面在不同位置向不同方向发生偏转，模具的倾角 θ 越大，板材的晶粒偏转角度越大。力学性能方面，板材的屈服强度低，为 86.5MPa；延伸率高，达到了 41.0%；杯突值有较大的提高，最高可达 6.71mm，极大地改善了镁合金板材的成型能力。③三维弧形挤压工艺可在 AZ31 板材 TD 方向引入新的织构。相比于传统挤压的 AZ31 板材，三维弧形挤压工艺制备的板材可有效改善 TD 方向上的力学性能，板材的各向异性得到改善，成型性能提高。

1.3　本章小结

总之，镁合金材料的密排六方结构不利于滑移系的启动，且传统挤压、轧制等方法制备的镁合金材料中存在强烈的基面织构，使材料表现为明显的各向异性，这严重降低了镁合金板材的综合力学性能。而目前常见的大塑性变形技术，如循环往复挤压、反复镦粗、高压扭转等虽可在一定程度上改善这一状况，但其制备过程烦琐、试样尺寸小，无法满足高性能镁合金材料批量化生产的需求。因此，本篇在此基础上提出了新型大塑性变形技术。该技术不仅可以制备出高性能镁合金板材，而且可以对所生产板材的组织与性能进行有效调控，此外其操作过程简单、生产效率高、成本低、可一道次成型。本篇的研究成果有助于推动对变形镁合金新型大塑性变形技术与工艺的探索，对于优化变形镁合金的加工制备技术、增强增韧镁合金具有重要的意义。

第2章

分流转角正挤压的有限元模拟

随着新型大塑性变形技术的出现，金属材料的塑性变形过程变得更加复杂，为探索金属材料在变形过程中变形机制的协调转变与材料状态的变化，一些用来辅助模拟材料变形的软件受到了人们的关注，比如 MSC. NASTRAN、ANSYS、ASKA、SAP、ADINA、DEFORM 等[38]。使用有限元模拟软件在材料加工变形前进行模拟分析，不仅可以降低实验成本、缩短实验进程，还可以发现材料在变形时潜在的隐患，比如流动死角、极端应力等问题，由此可对变形模具进行改进优化，从而使材料成型更加可靠与稳定[39]。Zhou 等[40]利用 DEFORM 3D 有限元模拟软件对 Mg-9.8Gd-2.7Y-0.4Zr 镁合金在 350℃下进行反复镦粗实验发现，随着镦粗道次的增加，晶粒细化效果更加明显；姜炳春等[41]通过使用 DEFORM 3D 模拟软件对 AZ31 镁合金在 250℃下进行等通道转角挤压实验发现，不同宽厚比即比值 k 发生变化时，会对镁合金在变形过程中的等效应力、等效应变以及应变均匀性等产生明显的影响；王斌等[42]通过运用 DEFORM 3D 模拟软件对 ZK60 镁合金在不同温度与不同挤压速度下的挤压实验发现，等效应力会随着温度的升高而显著降低，挤压速度的增大会使挤压温度明显升高。由上述可知，有限元模拟软件在材料变形过程中的应用，一方面可以观察材料变形时状态（包括等效应力、等效应变、流速、应变均匀性等）的变化，另一方面通过对多个变形参数的模拟可获得最佳材料性能的实验参数以及在限界参数条件下材料的变化情况。

DEFORM（design environment for forming）3D 有限元数值模拟软件是在 DEFORM 2D 的基础上发展而来的，主要用来处理材料三维图形的成型及相关热处理等问题；其在材料变形领域的应用，可有效提高变形模具的设计与优化，降低实验材料的试验成本，有利于新材料产品的开发与制备[43]。本章使用的 DEFORM 3D 有限元模拟软件由 SFTC 公司开发，主要用来模拟挤压态 AZ31 镁合金分流转角正挤压的变形过程，分析其在变形过程中流速、等效应变、等效应力等参数的变化与分布。本章使用的

DEFORM 3D 有限元模拟软件，模拟过程主要分为三部分：前处理（材料模型的建立与参数设置）、模拟运行（挤压过程的模拟）、后处理（流速、等效应变、等效应力、等效应变速率等数据的处理与分析）。

2.1　分流转角正挤压模具的设计

　　研究镁合金的塑性变形行为通常离不开模具的使用，模具的设计使用可以将挤压方式、变形路径、变形条件以及一些其他因素考虑在内。一般情况下模具设计时须包括挤压凹模、挤压凸模、压杆、压块等，此外须有施力设备，比如压力机等。挤压过程一般为：首先将模具进行预热并加热至所需温度，然后将实验坯料打磨后放入储料腔内保温一定时间，最后进行挤压，使坯料在压力的作用下沿着挤压通道流动最终从成型口挤出。在挤压模具的设计过程中，需考虑模具本身以及实验过程等两方面的情况，比如模具各部分之间的配合与固定、模具尺寸是否适合实际实验环境、模具内部路径结构是否合理以及是否会出现材料流动死角、模具材料的选用是否满足挤压时的最大应力、模具内壁是否需要润滑、挤压完毕后退模是否方便等。针对目前镁合金变形时所面临的模具设计理念单一，需多道次挤压变形才可使处理效果达到最佳的情况，本章在模具设计过程中，通过对挤压技术与路径的组合以及模具结构的不断优化，使圆柱状镁合金坯料在正压力的作用下分流后进行近似为两组 C 路径组合的通道内转角挤压，最终挤出板材。

　　本研究挤压态 AZ31 镁合金的变形过程为分流转角正挤压，模具的设计与绘制主要使用 CAD 与 UG 等软件，模具装配及各部位尺寸如图 3-2-1 所示，模具主要由挤压凹模、挤压凸模、压杆与垫块组成。设计模具时，首先在二维绘图软件 CAD 中设计并确定模具各部分的尺寸，随后在三维绘图软件 UG 中绘制相应的 3D 模具图；绘制完毕后，将其格式转变为 STL 文件，以便于在 DEFORM 中使用。本章中模具的设计理念是将正挤压技术与等通道转角挤压技术相结合，其中包含了材料分流以及两组 C 路径挤压等变形过程。具体挤压过程为：圆柱形坯料在压力的作用下充满型腔，然后向左右水平方向进行分流；分流后经过 90°拐角向下流动，此时材料横截面已经转变为宽 30mm、厚 2.5mm 的板材，向下运动将依次通过两个 120°的剪切台阶，最后从成型口挤出成板状材料。本章模具的设计不仅可以增大材料的变形量，而且通过两组 C 路径多个拐角剪切使得单道次获得高性能镁合金板材的过程更加简单高效。

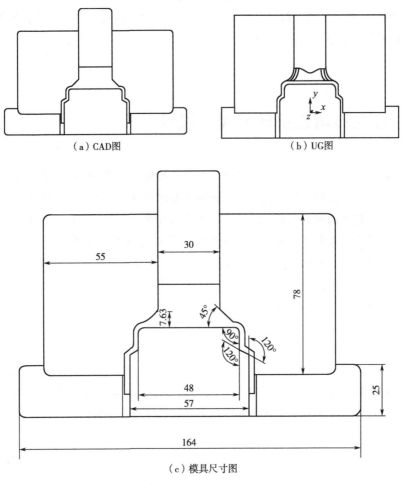

(a) CAD图　　　　　　　　　(b) UG图

(c) 模具尺寸图

图 3-2-1　模具装配示意图

2.2　有限元模拟参数设置

2.2.1　材料模型的选取与建立

本实验需导入 DEFORM 3D 的 STL 文件主要有：挤压凹模、挤压凸模、AZ31 镁合金、压杆。除 AZ31 镁合金外其余的模具材料均选为 H13，此材料在 DEFORM 软件的材料库中已经存在，故可直接使用。其流变应力曲线如图 3-2-2 所示。由于

DEFORM 材料库中没有 AZ31 镁合金材料，因此须先建立关于 AZ31 镁合金的材料模型，其流变应力函数为 $\bar{\sigma} = \bar{\sigma}(\bar{\varepsilon}, \dot{\bar{\varepsilon}}, T)$，然后将 250℃、300℃、350℃、400℃下 AZ31 镁合金的流变应力曲线导入（图 3-2-2）。本研究的模拟温度为 300℃。

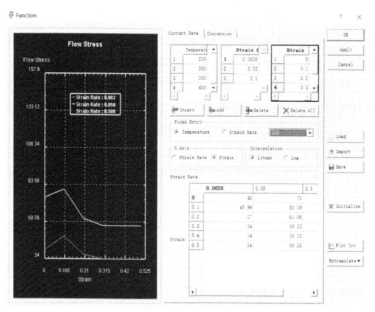

（a）AZ31镁合金

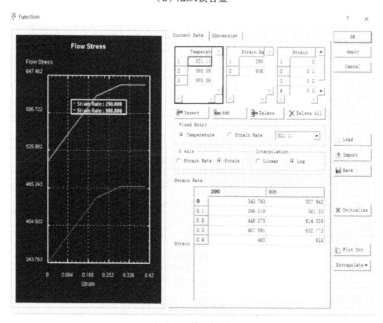

（b）H13模具材料

图 3-2-2　材料模型流变应力曲线图

2.2.2 材料及挤压参数的设置

在进行参数设置前须注意，导入部件的材料特征会因其性质不同而有所差异。由于 DEFORM 3D 软件中各部件之间有约束存在，因此，一般情况下用于变形的材料应设置为塑性材料，模具及其他不可变形的部件设置为刚性材料。此外，在挤压变形实验中，可主动运动的部件只能有一个，以免造成模拟过程紊乱。DEFORM 3D 软件在模拟计算时，可以对已划分部件的网格不断进行优化，因此基础网格的划分可根据实际情况进行设置。为简化模拟计算过程且本实验模具为完全镜面对称设计，本实验中各部件均为其实际大小的一半（对模具及坯料进行镜面对称划分），用于模拟计算的模具与坯料的尺寸均与实际尺寸保持一致。在导入各部件 STL 文件之前，须先在 simulation controls 中将 units 设置为 SI，随后在 mode 中勾选 heat transfer。

(1) AZ31 镁合金（Workpiece）

首先在 Geometry 中将 AZ31 镁合金坯料的 STL 文件导入，并点击 Check GEO 检查是否可用，如图 3-2-3 所示；然后在 General 中将 Object Type 设置为 Plastic，温度设置为 300℃，Material 选取为 AZ31 镁合金；网格数目设置为 20000，网格划分时须注意，最小网格尺寸应小于该次模拟各部件中最小尺寸的 1/2，其中 Size Ratio 在网格数目设置后改为 2，这样可以使网格划分均匀化，可在一定程度上提高模拟精度，如图 3-2-4（d）所示；movement 中 Type 选择 speed，运动方向为-Z，速度为 0；最后在边界条件 Bdry.Cnd 中点击 heat exchange with environment 创立各部件之间的关系。

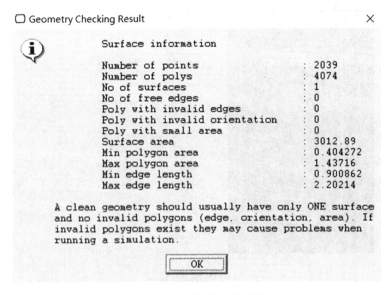

图 3-2-3　几何约束校验图

（2）挤压模具设置

挤压凹模（top die）、挤压凸模（bottom die）、压杆（moving block）等均为模具部分，所以可一同设置。首先将各部件的 STL 文件导入并检查是否可用，然后在General 中将 Object Type 设置为 rigid，温度为 300℃，Material 选取 H13；网格数目均设置为 10000，Size Ratio 为 2，如图 3-2-4（b）～（h）所示；movement 中 Type

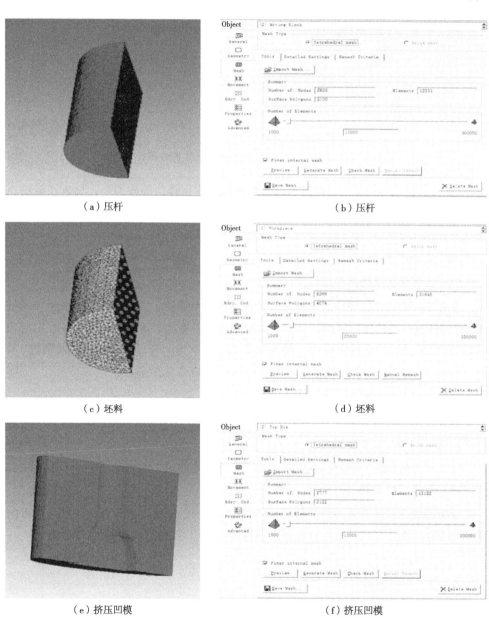

（a）压杆	（b）压杆
（c）坯料	（d）坯料
（e）挤压凹模	（f）挤压凹模

图 3-2-4

（g）挤压凸模	（h）挤压凸模

图 3-2-4　各 STL 部件及其网格划分图

选择 speed，运动方向为-Z，此时须注意压杆作为本次模拟的施力者，代表实际挤压变形时的压机压头，因此其速度与实际挤压速度相同，为 0.1mm/s，而挤压凹模与挤压凸模的速度为 0；在边界条件 Bdry. Cnd 中点击 heat exchange with environment 创立各部件之间的关系。

（3）各部件间接触条件的设置

在各部件参数设置完毕后，需对其接触条件进行设置。首先定义主从关系，刚性模具为 Master，塑性坯料为 Slave；然后在 Edit 中将摩擦类型（friction type）定义为剪切摩擦（shear），系数为 0.25，热传导系数（heat transfer coefficient）设置为 11；最后点击 Tolerance 接受接触容差，点击 Generate all 生成所有。

（4）挤压步数设置

首先定义每步的移动距离，选中 with die displacement——constant，须注意步长的设定应小于最小网格尺寸的 1/3，并检查 primary die 是否正确；模拟总步数（number of simulation steps）为压杆下降距离与每步移动距离的比值。

（5）生成模拟文件

参数设置完成后，点击检查按钮，界面如图 3-2-5 所示；若检查没问题，则可生成模拟文件。在主运行界面打开模拟文件点击运行即可进行模拟及后处理分析。

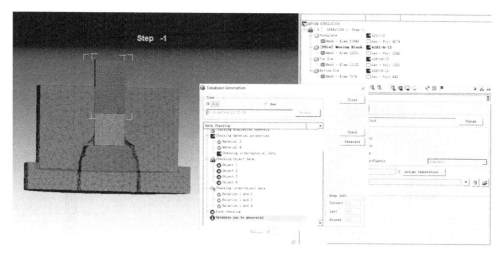

图 3-2-5　模拟文件的检查及生成图

2.3　有限元模拟结果与分析

2.3.1　模拟参数演变

图 3-2-6 为当模拟步数为 130 时，等效应变、流速、等效应变速率与等效应力在 AZ31 镁合金坯料上的分布情况。由图可知，当模拟步数为 130 时，已有成型板材挤出，且长度基本一致。因为本实验所用的模具为对称结构，坯料在压力作用下流向左右两边的量理论上应该相同，模拟结果与理论预测具有一致性。因此可说明模拟过程正常、模具设计合理，可对其相关参数进行分析。首先由图中颜色的渐变与分布情况可以看出，四种参数随模具结构的变化具有一致性，其规律均为在与模具接触的边界以及剪切台阶处颜色较深，颜色深浅变化与坯料在挤压过程中的变形剧烈程度有关。由此可知，镁合金坯料在压力的作用下沿挤压通道流动过程中，一方面在横截面积转变为板时对型腔内壁会产生很大的作用力，另一方面坯料在经过拐角时受到剪切台阶的剪切作用，镁合金板材内侧和外侧的流动性与所受作用力均不同，其变形剧烈程度与转角角度大小有关。此外，可观察到在对称面处有飞边的存在，这是因为坯料在流动时遇到的阻力较大，在达到继续流动所需临界值应力前会首先填满对称面处的缝隙。但实际模具只分为上模（挤压凹模）与下模（挤压凸模），没有对称面的存在，因此实际挤压过程中不会出现飞边。从颜色渐变情况可以看出，挤出板材除去前段部分后，四种参数在中间部分的分布较为均匀。

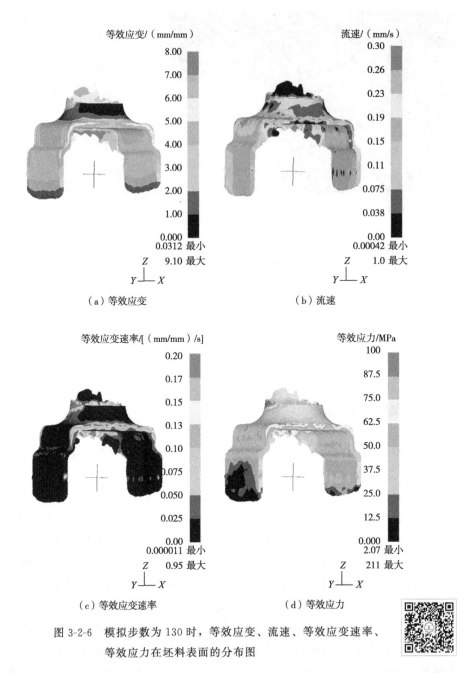

（a）等效应变

（b）流速

（c）等效应变速率

（d）等效应力

图 3-2-6　模拟步数为 130 时，等效应变、流速、等效应变速率、
等效应力在坯料表面的分布图

　　等效应变在挤压过程中随步数变化的情况如图 3-2-7（a）所示。当步数为 26 时，坯料开始受力，此时等效应变为 4.43；当步数到 28 时，等效应变为 1.29。等效应变出现下降是因为坯料在受力时，其内部结构对外力产生一种抵抗变形的力，而当压力继续增加时，材料突破形状改变时抵抗力的临界值，其内部结构发生破坏，变形抵抗

力减小。随着材料变形的继续进行，等效应变随之增大，当坯料前段经过 90° 与两个 120° 拐角时，其等效应变增加率变大，而在拐角前后的部分，其应变增加率相对稳定。这是由于在形变应变的基础上，转角台阶会对坯料产生剪切作用，因此等效应变出现跳跃式增加。当模拟步数达到 97 之后，坯料的等效应变趋于稳定，这是因为挤出板材已经不再受力，应变的增加速度与减少速度大致抵消。

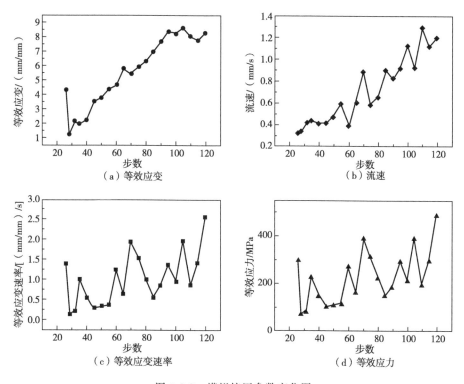

（a）等效应变　　　　　　　　　（b）流速

（c）等效应变速率　　　　　　　（d）等效应力

图 3-2-7　模拟挤压参数变化图

　　流速在模拟过程中随步数变化的情况如图 3-2-7（b）所示。由图可知，流速在模拟挤压过程中的总体趋势为逐渐增大，这是由于挤压模具的挤压比为 4.71∶1，压杆处的挤压速度恒定为 0.1mm/s，在此情况下，坯料的横截面积减小进入挤压通道内其流速就会逐渐增大。此外，由图 3-2-6 中 130 步时流速的颜色分布可知，左右分流后的坯料流速基本相同，而当坯料经过拐角时，其内侧与外侧的流速具有差异性，并非同步进行，这也是造成其流速增大的一个原因。另外还观察到，当步数为 60、75、105 时，所对应的流速有下降现象出现。这是因为模拟挤压所用的模具为实际模具的一半，模拟时会被默认为由镜面对称的两部分组成，而非一个整体，因此当坯料流动遇到阻碍对型腔内壁的作用力大于模具两部分之间的结合力时，模具间会出现微小的缝隙，此时，坯料会先填满模具间的缝隙再继续沿挤压通道进行流动，所以流速出现多次下降现象均为模具间缝隙不断扩大导致。坯料在通道内流动时，内侧与外侧、中间与两端流速的差异性一方面与拐角角度有关，另一方面与内壁的润滑有关。此外，流速的均匀性会对材料成型过程中的表面质量产生较大的影响。因此，在实际挤压实验时，须对模具内壁进行充分润滑，防止内壁出现黏壁现象。

等效应变速率与等效应力随模拟步数的变化情况如图 3-2-7（c）、（d）所示。就其变化趋势而言，等效应变速率与等效应力具有一致性。等效应力的测定部位在压杆底端与坯料相接触的界面处，由图可知，在整个模拟挤压过程中，等效应力的变化会经历数个起伏过程。首先，压杆下降与圆柱形坯料相接触，在突破坯料变形抗力的临界值后，坯料会进入稳定变形阶段，所以等效应力会减少；其次，当材料充满型腔开始进入挤压通道时，等效应力会增加，这是因为挤压比与转角的存在增加了继续变形的阻力，因此为保持挤压速度恒定须增加变形应力；随后当坯料流动经过拐角时，剪切作用增加，与之相对应的压应力也会增加。如果只有挤压比存在，等效应力在模拟步数增加时会稳定增大，不会出现突变与起伏情况；而拐角出现，使坯料在经受拐角的剪切作用时等效应力增加，当这种剪切作用达到稳定状态时，等效应力便出现下降现象。坯料在拐角处等效应力的起伏程度与拐角角度大小有关。

2.3.2　应变计算

本模具的设计理念是通过挤压技术的组合以提高对材料的处理效果，具体为利用不同角度拐角之间的搭配对板材的剪切作用以达到细化晶粒组织、调控织构、提高强韧性的目的。因此，对于挤压过程中应变的定量研究具有重要的意义。在本模具的挤压过程中，关于应变的计算可以分为三个方面，即坯料填充空腔时的压缩应变、试样转化为板材时的变形应变、试样通过拐角时的剪切应变。

压缩应变。当坯料在压力作用下发生变形时，由于内部型腔可以看成是一个倒锥台形状，圆柱形坯料填充满型腔时压缩应变的计算可以看成是由长方形的横截面转化成圆面的反过程。因此可参考减径挤压时的计算过程。此时挤压比 λ 为：

$$\lambda = \frac{\pi R^2}{ab} = \frac{3.14 \times 15^2}{48 \times 30} = 0.49 \tag{3-2-1}$$

式中，R 为圆柱形坯料的半径，为 15mm；a 和 b 分别为锥台下表面的长与宽，分别为 48mm 和 30mm。压缩应变 ε_{cs} 为[44]：

$$\varepsilon_{cs} = |\ln\lambda| = |\ln 0.49| = 0.71 \tag{3-2-2}$$

变形应变。主要变形过程为坯料填充满型腔后转变为板材时的应变，此时需考虑转变为板材时三向受力的情况，即 ED、TD、ND 方向。公式[45]如下：

$$\varepsilon = \frac{\sqrt{2}}{3}\sqrt{(\varepsilon_a - \varepsilon_b)^2 + (\varepsilon_b - \varepsilon_c)^2 + (\varepsilon_c - \varepsilon_a)^2} \tag{3-2-3}$$

式中，ε_a、ε_b、ε_c 分别代表 ED、ND、TD 三个方向的应变。根据体积不变原理，

不同方向上的总应变为 0，即 $\varepsilon_a + \varepsilon_b + \varepsilon_c = 0$。而在挤压过程中，TD 方向的应变为 0，所以 $\varepsilon_c = 0$，$\varepsilon_a = -\varepsilon_b$。因此，变形应变为：

$$\varepsilon_{ds} = \frac{\sqrt{2}}{3} \sqrt{6\varepsilon_a^2} = \frac{\sqrt{2}}{3} \sqrt{6 \times 1.12^2} = 1.29 \qquad (3\text{-}2\text{-}4)$$

其中，ε_b 为：

$$\varepsilon_b = \ln \frac{s}{h} = \ln \frac{2.5}{7.63} = -1.12 \qquad (3\text{-}2\text{-}5)$$

式中，s 为板厚；h 为锥台的高度。

剪切应变。计算内容主要包括三个角度，分别为 90° 与两个反向 120°。其计算主要利用以下公式[46] 进行：

$$\varepsilon = \frac{2\cot\left(\dfrac{\Phi}{2} + \dfrac{\Psi}{2}\right) + \Psi\csc\left(\dfrac{\Phi}{2} + \dfrac{\Psi}{2}\right)}{\sqrt{3}} \qquad (3\text{-}2\text{-}6)$$

式中，ε 是总应变；Φ 是内角角度；Ψ 是外角角度。从公式中可以看出，剪切应变只与内角和角外的大小有关。当板材经过第一个拐角时，第一个转角的内外角角度分别为 90°、174°。因此，第一个拐角的剪切应变为；

$$\varepsilon_1 = \frac{2\cot\left(\dfrac{90}{2} + \dfrac{174}{2}\right) + \dfrac{174}{180} \times \pi\csc\left(\dfrac{90}{2} + \dfrac{174}{2}\right)}{\sqrt{3}} = 1.316 \qquad (3\text{-}2\text{-}7)$$

第一个拐角处的外角角度为钝角，这是因为当板材从水平方向变为垂直方向时，需要较大的应力，考虑到模具的应力极限，增加模具的外角半径可以减小模具的应力。双 120° 反向转角可视为一组内角角度为 120° 的 C 路径挤压，外角角度均为 47°，因为此时的剪切应变为：

$$\varepsilon_2 = \varepsilon_3 = \frac{2\cot\left(\dfrac{120}{2} + \dfrac{47}{2}\right) + \dfrac{47}{180} \times \pi\csc\left(\dfrac{120}{2} + \dfrac{47}{2}\right)}{\sqrt{3}} = 0.608 \qquad (3\text{-}2\text{-}8)$$

因此，整个挤压过程的总应变为：

$$\varepsilon = \varepsilon_{cs} + 2(\varepsilon_{ds} + \varepsilon_1 + \varepsilon_2 + \varepsilon_3) = 0.71 + 2 \times (1.29 + 1.316 + 0.608 \times 2) = 8.354$$

$$(3\text{-}2\text{-}9)$$

本模具为左右分流转角挤压，整体为对称结构，因此在对其总应变进行计算时，变形应变与剪切应变须计算两次，所以最终总应变的计算值为 8.354。由图 3-2-7（a）可知，等效应变的模拟值最终稳定在 8~9。因此，等效应变的模拟值与总应变计算值相接近。此外，由剪切应变的计算公式可知，剪切应变的大小主要与内角和外角的角度有关。当内角小于 90° 时，剪切应变主要受内角和外角控制；内角大于 90° 时，外角对剪切应变的影响几乎可以忽略不计[44]。因此，在等通道角挤压模具设计过程中，为了达到保护模具的目的，应降低应力应变时，可根据公式选择内角与外角的夹角。

2.4 本章小结

通过使用 DEFORM 3D 有限元模拟软件对分流转角正挤压过程进行模拟，着重分析了在 300℃挤压变形时等效应变、坯料流速、等效应力以及等效应变速率的变化情况，得到以下结论：

① 在恒定挤压速度条件下，坯料流速随挤压步数逐渐增大；镁合金坯料受压左右分流时的流速以及挤出板材的长度都基本相同；当坯料流经拐角时，外侧的流速大于内侧，这主要与拐角角度以及内壁的润滑有关，而流速的均匀性会对材料表面质量产生较大的影响，因此实际挤压时，须对模具内壁进行充分润滑，以降低其对流速的影响。

② 等效应变速率与等效应力随挤压步数的变化具有一致性，均会在坯料受力充满型腔、转变为板以及流经不同角度拐角时出现激增现象，这主要与面积改变时受到的变形阻力以及不同角度拐角对坯料的剪切作用有关。

③ 坯料变形时的等效应变随挤压步数逐渐增大，最终稳定在 8～9 之间，而对变形过程中的总应变进行计算，其结果为 8.354，计算值与模拟值相吻合。通过对分流转角正挤压过程进行有限元模拟，模拟结果与理论预测相一致，因此，可对模拟参数进行实际挤压实验，分析挤出板材的微观组织与力学性能。

第3章

分流转角正挤压板材的
微观组织及力学性能

关于镁合金塑性变形技术的研究，传统塑性变形技术与新型大塑性变形技术的本质相同，一方面是变形量，另一方面是变形条件。新型大塑性变形技术是在传统塑性变形的基础上，不断对变形工艺进行优化，在简化变形过程的同时增加材料的"有效处理"过程，使高性能镁合金材料的制备更加简单、高效。

新型大塑性变形技术的创新思路大致可分为两个方面，即塑性变形量的增加与现有技术的组合优化等。于彦东等[47]将正挤压技术与等通道转角挤压技术相结合提出了一种新型的累积塑性变形工艺，简称 ECAP-FE；通过对 ZM21 镁合金进行该工艺的有限元模拟发现，变形结束后 ZM21 镁合金的等效应变可以达到 2.845，相当于 ECAP 工艺的 5 倍，等效应变不均匀系数 C_i 为 0.875，稍高于 ECAP 过程，但 C_i 的分布沿轴线对称，符合工业用料的使用要求。胡红军[48]将正挤压技术与等通道转角挤压技术相结合提出了一种挤压-剪切两步复合制备工艺，简称 ES；通过对 AZ31 镁合金进行该工艺的有限元模拟发现，AZ31 镁合金在正挤压阶段与剪切阶段分别发生了两次动态再结晶，晶粒细化程度逐渐增加。卢立伟等[49]将正挤压技术与扭转技术相结合提出了挤压-扭转复合变形工艺，通过对 AZ31 镁合金进行该工艺的有限元模拟发现，该工艺可以明显增加镁合金变形的累积应变，且累积应变随扭转角度增大而增大。此外镁合金变形的不均匀程度也会增加，最大等效应变可达到 3.75。

然而，对于同时满足增大变形量、挤压技术组合以及工艺优化等方面的镁合金大塑性变形研究较少，因此，本篇在此基础上提出了一种新型大塑性变形技术，即分流转角正挤压技术（shunt turning angular extrusion，STAE），可将镁合金圆柱形坯料经挤压变形制备出镁合金板材。该技术的亮点在于材料分流转角变形可增大其变形量，正挤压技术与等通道转角挤压技术相结合使材料仅一道次便可成型，过程简单高效，两组近似为不同角度 C 路径的组合还可提高对材料的有效处理过程。对于不同温度下分流转角正挤压技术所制备的镁合金板材的微观组织演变及力学行为的研究，对优化镁合金变形技术具有重要的意义。

3.1 分流转角正挤压加工

分流转角正挤压加工在立式压机上进行，坯料放入模具前需对模具预热 2h。由于模具较大，因此须延长预热时间才能保证模具热透，防止模具因外部与心部温度不同而在高应力下碎裂。在加热与坯料放入前分两次在模具内壁涂抹润滑液。本研究所用的润滑液为石墨润滑液，由石墨粉与润滑油按一定比例配制而成。挤压过程完毕后，须立即将挤出板材浸入水中进行水冷，防止挤出板材的晶粒因残余高温而异常长大。本实验的温度变量为 300℃、350℃、400℃，压机速率为 0.1mm/s。图 3-3-1 为本研究挤压模具示意图及取样观察示意图。

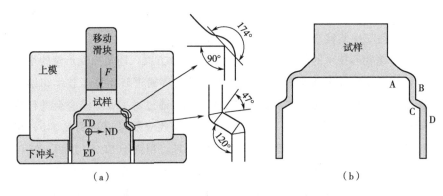

图 3-3-1　挤压过程及取样观察位置示意图

3.2 分流转角正挤压板材的微观组织

3.2.1 不同温度分流转角正挤压板材的微观组织

图 3-3-2 为原始棒状挤压态 AZ31 镁合金的 EBSD 图、（0002）极图、基面$<a>$滑移的施密特因子值分布图以及金相组织图。采用米字划线法对图 3-3-2（e）中的晶粒尺寸进行统计，为 19.7μm。由图 3-3-2（a）可知，晶粒 c 轴与 ED 方向垂直；由图

3-3-2（b）可知，原始棒材中形成了典型的（0002）挤压织构，经测定其织构强度为10.00，（0002）基面平行于 ED 方向；图 3-3-2（c）与（d）为原始棒材基面<a>滑移的施密特因子值分布图，经统计，原始棒材晶粒的平均施密特因子值为 0.189，由于施密特因子值相对较小，基面<a>滑移不容易启动，因此不利于材料的塑性变形。

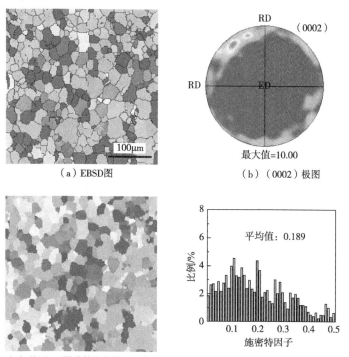

（a）EBSD图　　　　　　　　　　（b）（0002）极图

（c）基面<a>滑移的施密特因子值分布图　（d）基面<a>滑移的施密特因子值分布图

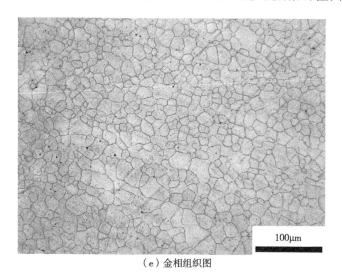

（e）金相组织图

图 3-3-2　原始棒状挤压态 AZ31 镁合金的纤维组织

图 3-3-3 为原始棒状挤压态 AZ31 镁合金在不同温度下分流转角正挤压后位置 D（位置 D 见图 3-3-1）处的微观组织图。金相观察面均为挤出板材的 ED-ND 面，即板材的侧面。经统计，晶粒尺寸依次为 6.40 μm、7.95 μm、18.70 μm。从图中可以看出，原始坯料在不同温度下经过分流转角正挤压后均发生了完全动态再结晶，且随着挤压温度的降低，其微观组织更加均匀，晶粒尺寸大幅度减小。其中，300℃挤出板材的微观组织的均匀性与晶粒度为最佳。可以观察到 400℃挤出板材的微观组织与300℃相比，其组织均匀性较差，这是挤压温度高导致的。此外，挤出板材在水冷前受残余高温影响也会导致晶粒长大。由不同温度下挤出板材微观组织的演变可以看出，在 300～400℃之间进行分流转角正挤压时材料可完全再结晶，且温度对挤出板材的影响显著，表现为分流转角正挤压模具对材料的处理效果随着温度的降低而显著提升。

（a）300℃ （b）350℃ （c）400℃

图 3-3-3　不同温度挤出板材在位置 D 的金相组织图

图 3-3-4 为原始棒状挤压态 AZ31 镁合金不同温度下的挤出板材在位置 D 处的 EBSD 图、（0002）极图、基面＜a＞滑移的施密特因子值分布图。由不同温度下的 EBSD 图可以看出，材料在分流转角正挤压后均发生了完全动态再结晶，其晶粒的 c 轴与 ND 方向平行。由图 3-3-4 （b）、（f）、（j）可知，不同温度下的挤出板材均形成了（0002）挤压织构，其分布特征基本相同，均呈条带状在围绕 ND 方向的一定区域内分散分布；其择优取向与 ND 方向呈一定角度，约 25°，偏向于 ED 方向。经测定，不同温度下（0002）挤压织构的强度均在 11 左右，由此可知，温度对（0002）挤压织构的影响较小，而（0002）织构择优取向的偏转则与不同角度反向转角时所受的剪切作用有关。由不同温度下基面＜a＞滑移的施密特因子值分布图可知，不同温度下的平均施密特因子值均在 0.31 左右，相对较大，基面＜a＞滑移容易启动，这有利于的板材塑性变形。

图 3-3-5 为原始棒状挤压态 AZ31 镁合金不同温度下的挤出板材在位置 D 的 KAM 图、晶粒取向差分布图。KAM（kernel average misorientation）图代表的是每个晶体

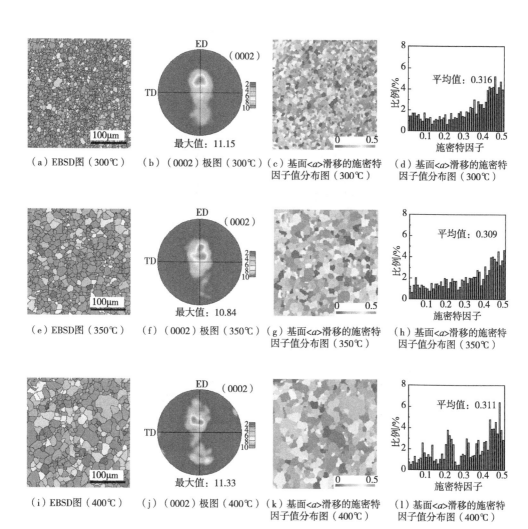

（a）EBSD图（300℃）　（b）（0002）极图（300℃）　（c）基面<a>滑移的施密特因子值分布图（300℃）　（d）基面<a>滑移的施密特因子值分布图（300℃）

（e）EBSD图（350℃）　（f）（0002）极图（350℃）　（g）基面<a>滑移的施密特因子值分布图（350℃）　（h）基面<a>滑移的施密特因子值分布图（350℃）

（i）EBSD图（400℃）　（j）（0002）极图（400℃）　（k）基面<a>滑移的施密特因子值分布图（400℃）　（l）基面<a>滑移的施密特因子值分布图（400℃）

图 3-3-4　不同温度挤压 AZ31 镁合金在位置 D 的 EBSD 图、（0002）
极图以及基面<a>滑移的施密特因子值分布图

在其晶体学方向与其 8 个最近邻晶体学方向之间的平均夹角，一般可用 KAM 图来分析位错的分布和数量，从而量化分析局部晶格曲率[51]。本章的 KAM 图计算中主要包括 0.5°以下的偏差。由图 3-3-5（a）、（c）、（e）可以看出，不同温度的 KAM 图中位错情况相近，由此进一步证实不同温度下进行分流转角正挤压可使材料发生完全动态再结晶，使晶粒尺寸大幅度细化，组织更加均匀；由图 3-3-5（b）、（d）、（f）可知不同温度下挤出板材晶粒取向差的分布有着共同的特点，即晶粒取向差均分布在 0～90°的范围内，且主要集中在 30°左右，这是材料发生动态再结晶的明显标志。

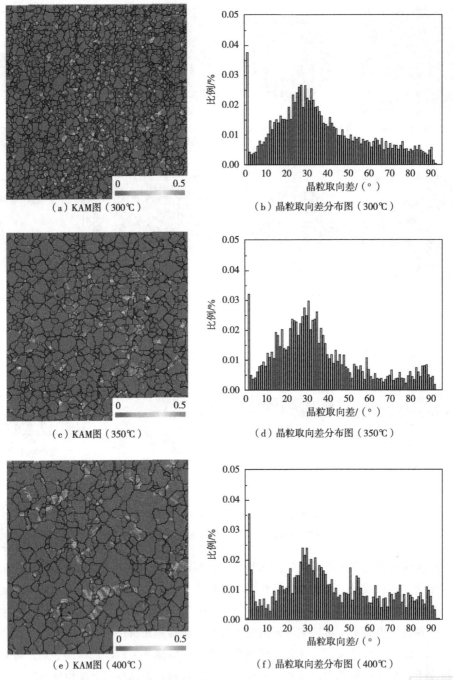

（a）KAM图（300℃）

（b）晶粒取向差分布图（300℃）

（c）KAM图（350℃）

（d）晶粒取向差分布图（350℃）

（e）KAM图（400℃）

（f）晶粒取向差分布图（400℃）

图 3-3-5　不同温度挤压 AZ31 镁合金在位置 D 的 KAM 图、
晶粒取向差分布图

3.2.2 300℃分流转角正挤压板材不同位置的微观组织

图 3-3-6 为原始棒状挤压态 AZ31 镁合金 300℃挤压时在位置 A、B、C、D 处的金相组织图。采用米字截线法统计其晶粒尺寸，依次为 10.4μm、8.3μm、8.4μm、6.3μm。由图 3-3-1（a）可知，坯料在左右分流后依次经过 90°与两个 120°拐角，取样观察位置分别位于等通道过程中的拐角后。根据不同位置处微观组织的演变情况可以看出，其晶粒尺寸不断减小，组织均匀性不断提高，由此可知，左右分流、90°拐角、双 120°反向拐角的综合作用可以使晶粒细化程度有大幅度提高。而位置 B 与位置 C 处的晶粒尺寸相当，结合板材各部位晶粒尺寸的变化情况可知，晶粒度与组织均匀性是随着处理过程进一步优化的，因此，并非第一个 120°拐角对晶粒细化效果弱，使晶粒尺寸变大，其主要原因是在挤压完退模时，位置 A、B、C 处的材料还处在挤压通道内，易受模具残余高温的影响而使晶粒长大。

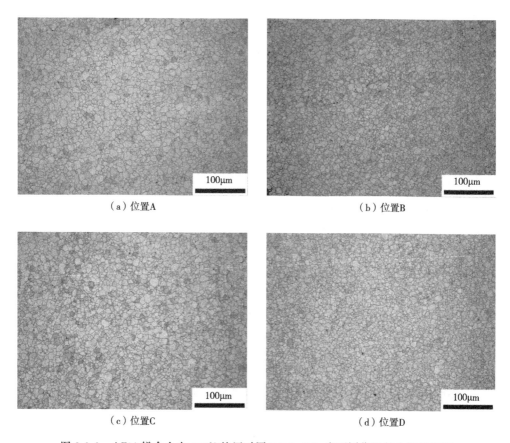

（a）位置A   （b）位置B

（c）位置C   （d）位置D

图 3-3-6　AZ31 镁合金在 300℃挤压时图 3-3-1（b）中不同位置的金相组织图

图 3-3-7 为原始棒状挤压态 AZ31 镁合金在 300℃挤压时不同位置处的 EBSD 图、(0002) 极图、基面<*a*>滑移的施密特因子值分布图。A 位置为坯料已经左右分流，位于 90°拐角前，其横截面积不断减小，处在由坯料向板材转变的过程中，由图 3-3-7

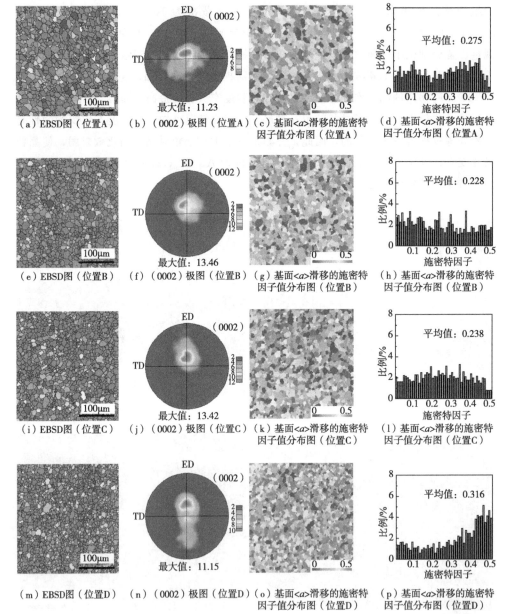

（a）EBSD图（位置A）　　（b）（0002）极图（位置A）　（c）基面<*a*>滑移的施密特因子值分布图（位置A）　（d）基面<*a*>滑移的施密特因子值分布图（位置A）

（e）EBSD图（位置B）　　（f）（0002）极图（位置B）　（g）基面<*a*>滑移的施密特因子值分布图（位置B）　（h）基面<*a*>滑移的施密特因子值分布图（位置B）

（i）EBSD图（位置C）　　（j）（0002）极图（位置C）　（k）基面<*a*>滑移的施密特因子值分布图（位置C）　（l）基面<*a*>滑移的施密特因子值分布图（位置C）

（m）EBSD图（位置D）　　（n）（0002）极图（位置D）　（o）基面<*a*>滑移的施密特因子值分布图（位置D）　（p）基面<*a*>滑移的施密特因子值分布图（位置D）

图 3-3-7　300℃下挤压 AZ31 镁合金在不同位置的 EBSD 图、(0002) 极图和基面<*a*>滑移的施密特因子值分布图

（a）可以看出，此时已经发生了动态再结晶；B 位置位于 90°拐角后，此时坯料已经转变成板材，由图 3-3-7（e）可知，在 90°拐角的剪切作用下，晶粒尺寸进一步细化；C 位置位于双 120°拐角之间，第一个 120°拐角转向与 90°相反；D 位置取自挤出板材，与 C 位置相比，其晶粒尺寸进一步减小。由位置 A、B、C、D 处的 EBSD 图可以看出，材料均发生了完全动态再结晶，其晶粒尺寸逐渐减小，这与图 3-3-6 中各位置的金相组织图一致。

由图 3-3-7（b）、（f）、（j）、（n）可知，（0002）挤压织构一直存在，且随着挤压路径不断发生变化，特点均为在围绕 ND 方向的一定范围内发散分布；其极点朝着 ED 方向不断偏移且与 ND 方向之间的角度逐渐增大，最终极点偏离中心位置约 25°。不同角度拐角对镁合金材料累积的剪切作用是造成极点偏离的主要原因。此外可以看到位置 D 与位置 B、C 相比，发散性增加。由测定位置可知，位置 A 为成型板材前，位置 B、C、D 为成型板材。其中位置 B、C、D 处（0002）织构的强度表现为逐渐减小，这说明分流转角正挤压对织构的调控作用明显，可有效弱化织构强度。织构弱化的主要原因可归结于（0002）织构极点的偏离以及发散分布程度的改变。位置 D 与位置 B、C 相比，（0002）织构极点与 ND 方向之间的夹角增加，其发散分布程度也有增加，二者共同作用造成了织构强度的不断弱化。徐军[50]在非对称挤压镁合金板材的研究中也指出，织构弱化的主要原因是基面取向晶粒朝着 ED 方向偏离。由不同位置处基面<a>滑移的施密特因子值分布图可知，位置 B、C、D 处基面<a>滑移的平均施密特因子值逐渐增大，最终挤出板材的平均施密特因子值为 0.316，相对较大，基面<a>滑移容易启动，这说明挤出板材拥有较好的塑性变形能力。

由位置 A、B、C、D 处材料 EBSD 各数据的变化情况可以看出，分流转角正挤压对材料组织与织构的调控作用十分明显，在细化晶粒的同时可有效弱化织构强度，而（0002）织构的极点偏离与发散分布是造成织构弱化的主要原因。

3.3 分流转角正挤压板材的力学性能

图 3-3-8 为原始棒状挤压态 AZ31 镁合金不同温度下的挤出板材在不同方向（ED、TD）上的真应力应变曲线。从图中可以看出，原始棒状坯料在 ED 方向与 TD 方向上的抗拉强度和延伸率接近，但 ED 方向的屈服强度明显高于 TD 方向。原始坯料在不同温度下的变化情况表现出较为明显的规律性，ED 与 TD 方向的抗拉强度随着挤压温度的降低逐渐增加；延伸率则无明显规律性变化，挤压变形后板材的延伸率在 ED 方向较原始坯料有较大提高，在 TD 方向与原始坯料相当；ED 方向的屈服强度在 400℃挤压后由原始坯料的 174MPa 减小为 105MPa，然后随着挤压温度的降低不断增

大，300℃时，ED 方向的屈服强度为 135MPa，原始坯料 TD 方向的屈服强度为 83MPa，在挤压后以及随着挤压温度的不断降低，其变化规律为逐渐增大，300℃时 TD 方向的屈服强度为 225MPa。

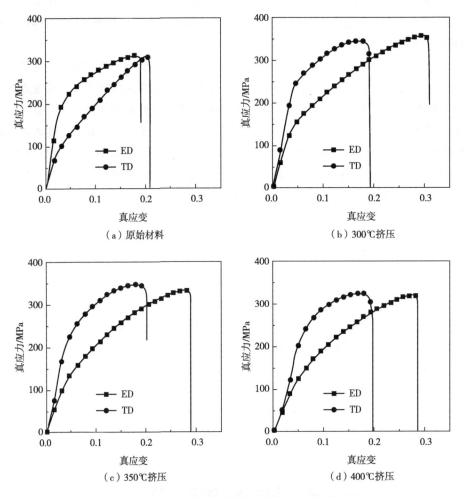

图 3-3-8　不同状态材料的真应力应变曲线

抗拉强度的变化情况可以用位错理论来解释[52,53]。晶体中位错的运用形式主要为滑移与攀移，而一般的材料均为多晶体，晶体的各向异性与晶体间受力情况的不同决定了变形的非同步进行，即位错在晶体间的传递情况有差别，因此，影响位错运动的主要因素包括晶界对位错的阻碍能力以及晶界的数量。本研究中，原始棒状坯料在不同温度下挤压时，发生的动态再结晶导致晶粒尺寸大幅度减小，致使晶界数量增加，从而使位错运动的阻力增加；且随挤压温度的降低，晶粒尺寸不断减小，晶界数量增加，对位错运动的阻碍能力不断增强。因此，ED 与 TD 方向的抗拉强度随挤压温度的降低逐渐增加。

延伸率在 TD 与 ED 方向上的差异性和提高程度主要与模具的设计有关。原始坯料的分流变形与横截面积减小变板的过程是同时进行的，90°拐角与双 120°反向拐角主要是对板材的处理过程。由不同温度下的 EBSD 图与晶粒取向图可以看出，板材在转角剪切作用下，晶粒取向差主要分布在 0～90°范围内，且在 30°时的晶粒数量最多，而（0002）织构极图中同样显示为围绕 ND 方向呈条状分布。因此挤出板材的延伸率在 ED 与 TD 方向的差异性主要与剪切对板材的剪切作用有关。同时可以观察到，不同挤压温度下的延伸率在 ED 方向均大致为 30%。由此可以看出，延伸率的改变与温度无关，而与模具的设计有关，具体为材料延伸率的提高和模具中拐角数量和角度的组合情况有关。

屈服强度的变化则可以用霍尔-佩奇关系来解释[54]，即晶粒细化可提高材料的屈服强度。霍尔-佩奇公式为：

$$\sigma_S = \sigma_0 + Kd^{-1/2}$$

式中，σ_S 是材料的屈服强度；σ_0 是位错滑移时在滑移面上受到的摩擦力；K 是应力集中系数，一般指晶界对位错的阻碍能力；d 是晶粒的平均尺寸。挤出板材的晶粒尺寸随着温度的降低而不断减小，根据霍尔-佩奇关系，晶粒尺寸与材料的屈服强度成反比，因此表现为 ED 与 TD 方向的屈服强度随着挤压温度的降低而逐渐增加。而 400℃挤出板材在 ED 方向的屈服强度与原始棒状坯料相比出现降低现象，这是由于坯料挤压变形后，晶粒 c 轴转动且（0002）挤压织构强度增加，因此造成了屈服强度的下降。

3.4 本章小结

① 分流转角正挤压各温度下的挤出板材均发生了完全动态再结晶，其晶粒细化效果以及组织均匀性随温度的降低而显著提高，400℃、350℃、300℃下挤出板材的晶粒尺寸依次为 18.70μm、7.95μm、6.40μm；各温度下挤出板材均存在（0002）挤压织构，且温度对织构强度的影响较小，织构的择优取向与 ND 方向间的夹角约 25°；挤出板材基面<a>滑移的平均施密特因子值均在 0.31 左右，相对较大，拥有较好的塑性变形能力。

② 300℃各位置的组织演变情况说明晶粒细化效果及组织均匀性随不同角度拐角剪切作用的叠加而显著提升，晶粒尺寸依次为 10.4μm、8.3μm、8.4μm、6.3μm；成型板材位置 B、C、D 处的织构强度逐渐减弱，造成织构弱化的主要原因是（0002）织构的极点偏离与发散分布。

③ 各温度挤出板材的延伸率在 ED 方向较原始坯料有较大提高，在 TD 方向与原始坯料相当；抗拉强度与屈服强度在 ED、TD 方向的变化表现为随温度的降低逐渐增大。300℃挤出板材的综合力学性能达到最佳，屈服强度为 135MPa（ED）、225MPa（TD），抗拉强度为 360MPa（ED）、347MPa（TD），延伸率为 27.4%、15.5%。

参考文献

［1］Spilker H G，Gundula Jänschkgaiser G，Pérez N. Magnesium and magnesium alloys ［M］. The Materials Information Society，2012.

［2］Mordike B L，Ebert T. Magnesium：Properties—applications—potential ［J］. Materials Science & Engineering A，2001，302 (1)：37-45.

［3］Gehrmann R，Frommert M，Gottstein G. Texture effects on plastic deformation of magnesium ［J］. Materials Science & Engineering A，2005，395 (1-2)：338-349.

［4］Graff S，Steglich D，Brocks W. Forming of Magnesium-crystal plasticity and plastic potentials ［J］. Advanced Engineering Materials，2007，9 (9)：803-806.

［5］刘政军，苏允海，刘铎，等. 镁合金及其成型技术综述 ［J］. 沈阳工业大学学报，2006，28 (1)：14-20.

［6］汪凌云，黄光胜，范永革，等. 变形 AZ31 镁合金的晶粒细化 ［J］. 中国有色金属学报，2003，13 (3)：594-598.

［7］段红玲，张丁非，戴庆伟，等. 镁合金强化研究的发展现状 ［J］. 材料导报，2007，21 (5A)：310-312.

［8］路国祥，陈体军，郝远. 镁合金等通道转角挤压（ECAP）技术的研究和展望 ［J］. 材料导报，2008 (4)：89-92，97.

［9］陈勇军. 往复挤压镁合金的组织结构与力学性能研究 ［D］. 上海：上海交通大学，2007.

［10］文道静，赵永好，唐玲玲，等. 高压扭转对 GW83K 镁合金耐腐蚀性能的影响 ［J］. 材料导报，2016，30 (10)：105-112.

［11］李峰，秦明汉，曾祥，等. 镁合金大塑性变形技术的研究进展 ［J］. 哈尔滨理工大学学报，2014，19 (06)：1-5.

［12］闫富华，王辉，徐胜利，等. 镁合金的强化与成型的研究进展 ［J］. 热加工工艺，2013，42 (2)：43-45.

［13］Barnett M R，Beer A G，Atwell D，et al. Influence of grain size on hot working stresses and microstructures in Mg-3Al-1Zn ［J］. Scripta Materialia，2004，51 (1)：19-24.

［14］轻金属材料加工手册编写组. 轻金属材料加工手册：上册 ［M］. 北京：冶金工业出版社，1980：200-203.

［15］王强，张治民. 坯料温度对 AZ31 镁合金反挤成型的影响 ［J］. 材料工程，2006 (S1)：310-312.

［16］Chen Y J，Wang Q D，Peng J G，et al. Effects of extrusion ratio on the microstructure and mechanical properties of AZ31 Mg alloy ［J］. Journal of Materials Processing Technology，2007，182 (1-3)：281-285.

［17］Uematsu Y，Tokaji K，Kamakura M，et al. Effect of extrusion conditions on grain refinement and fatigue behaviour in magnesium alloys ［J］. Materials Science and Engineering A，2006，A434 (1/2)：131-140.

［18］尹从娟，张星，张治民. 挤压温度和挤压比对 AZ31 镁合金组织性能的影响 ［J］. 有色金属加工，2008 (1)：48-50.

［19］石凤健. ECAP 工艺与材料组织性能控制的研究 ［D］. 江苏镇江：江苏大学，2003.

［20］Iwahashi Y，Horita Z，Nemoto M，et al. The process of grain refinement in equal-channel angular pressing [J]. Acta Materialia, 1998, 46 (9): 3317-3331.

[21] Yoshinori I, Wang J T, Zenji H, et al. Principle of equal-channel angular pressing for the processing of ultra-fine grained materials [J]. Scripta Materialia, 1996, 35 (2): 143-146.

[22] Furuno K, Akamatsu H, Oh-Ishi K, et al. Microstructural development in equal-channel angular pressing using a 60° die [J]. Acta Materialia, 2004, 52 (9): 2497-2507.

[23] 陈勇军, 王渠东, 彭建国, 等. 大塑性变形制备细晶材料的研究、开发与展望 [J]. 材料导报, 2005, 19 (4): 77-80.

[24] Wang Q, Chen Y, Liu M, et al. Microstructure evolution of AZ series magnesium alloys during cyclic extrusion compression [J]. Materials Science and Engineering A, 2010, 527 (9): 2265-2273.

[25] 张陆军. 往复挤压制备超细晶 AZ61 镁合金的研究 [D]. 上海: 上海交通大学, 2007.

[26] Arpacay D, Yi S B, Janeek M, et al. Microstructure evolution during high pressure torsion of AZ80 magnesium alloy [J]. Materials Science Forum, 2008, 584: 300-305.

[27] Sun W T, Xu C, Qiao X G, et al. Evolution of microstructure and mechanical properties of an as-cast Mg-8. 2Gd-3. 8Y-1. 0Zn-0. 4Zr alloy processed by high pressure torsion [J]. Materials Science and Engineering A, 2017, 700: 312-320.

[28] Huang Z W, Yoshida Y, Cisar L, et al. Microstructures and Tensile Properties of Wrought Magnesium Alloys Processed by ECAE [J]. Materials Science Forum, 2003, 419 (4): 243-248.

[29] Yoshida Y, Cisar L, Kamado S, et al. Effect of microstructural factors on tensile properties of ECAE-processed AZ31 magnesium alloy [J]. Journal of Japan Institute of Light Metals, 2002, 52 (11): 559-565.

[30] Kim H K, Kim W J. Microstructural instability and strength of an AZ31 Mg alloy after severe plastic deformation [J]. Materials Science and Engineering A, 2004, 385 (1/2): 300-308.

[31] Yoshida Y, Cisar L, Kamado S, et al. Texture Development of AZ31 Magnesium Alloy during ECAE Processing [J]. Materials Science Forum, 2003, 419: 533-538.

[32] Lee J C, Seok H K, Han J H, et al. Controlling the textures of the metal strips via the continuous confined strip shearing (C2S2) process [J]. Materials Research Bulletin, 2001, 36 (5): 997-1004.

[33] Watanabe H, Mukai T, Ishikawa K. Differential speed rolling of an AZ31 magnesium alloy and the resulting mechanical properties [J]. Journal of Materials Science, 2004, 39 (4): 1477-1480.

[34] 张文玉, 刘先兰. 异步轧制技术及其在镁合金中的应用研究现状 [J]. 新技术新工艺, 2007 (7): 89-92.

[35] Yang Q, Jiang B, Zhou G, et al. Influence of an asymmetric shear deformation on microstructure evolution and mechanical behavior of AZ31 magnesium alloy sheet [J]. Materials Science and Engineering A, 2014, 590: 440-447.

[36] Yang Q, Jiang B, He J, et al. Tailoring texture and refining grain of magnesium alloy by differential speed extrusion process [J]. Materials science and Engineering A, 2014, 612 (26): 187-191.

[37] 徐军. 新型非对称挤压镁合金板材组织及力学性能研究 [D]. 重庆: 重庆大学, 2018.

[38] 肖亚航, 雷改丽, 傅敏士, 等. 材料成型计算机模拟的研究现状及展望 [J]. 材料导报, 2005, 6: 13-16.

[39] 丁云鹏, 张铭轩, 许记雷, 等. 镁合金板材挤压工艺的有限元模拟 [J]. 材料与冶金学报, 2019, 18 (02): 65-70+76.

[40] Zhou H, Wang Q D, Guo W, et al. Finite element simulation and experimental investigation on homogeneity of Mg-9.8Gd-2.7Y-0.4Zr magnesium alloy processed by repeated-up-setting [J]. Journal of Materials Processing Technology, 2015, 225: 310-317.

[41] 姜炳春，王淑萍，刘方方，等. 有限元分析宽厚比对镁合金变通道挤压的影响 [J]. 铸造技术，2016，37: 2160-2164.

[42] 王斌，易丹青，顾威，等. ZK60 镁合金型材挤压过程有限元数值模拟 [J]. 材料科学与工艺，2010，2: 129-135.

[43] 吴桂敏，高飞，符蓉. AZ31 镁合金连续挤压过程数值模拟 [J]. 热加工工艺，2009，17: 45-47，51.

[44] Azushima A, Kopp R, Korhonen A, et al. Severe plastic deformation (SPD) processes for metals [J]. CIRP Annals - Manufacturing Technology, 2008, 57 (2): 716-735.

[45] 张少实. 新编材料力学 [M]. 北京：机械工业出版社，2009.

[46] Wang Q D, Chen Y J, Lin J B, et al. Microstructure and properties of magnesium alloy processed by a new severe plastic deformation method [J]. Materials Letters, 2007, 61 (23-24): 4599-4602.

[47] 于彦东，李杰，匡书珍. ECAP 与正挤压相复合的累积变形工艺数值模拟 [J]. 哈尔滨理工大学学报，2015，20 (06): 20-23.

[48] 胡红军. 镁合金挤压-剪切变形行为的物理和数值模拟研究 [J]. 稀有金属材料与工程，2013，42 (5): 957-961.

[49] 卢立伟，赵俊，陈胜泉，等. 镁合金正挤压-扭转变形的数值模拟与实验研究 [J]. 中国有色金属学报，2015，9: 40-47.

[50] 徐军. 新型非对称挤压镁合金板材组织及力学性能研究 [D]. 重庆大学，2018.

[51] Britton T B, Birosca S, Preuss M, et al. Electron backscatter diffraction study of dislocation content of a macrozone in hot-rolled Ti-6Al-4V alloy [J]. Scripta Materialia, 2010, 62 (9): 639-642.

[52] 吕良辰. 位错与 {10-12} 拉伸孪晶作用对镁合金力学行为的影响研究 [D]. 重庆：重庆大学，2015.

[53] Quan G Z, Shi Y, Wang Y X, et al. Constitutive modeling for the dynamic recrystallization evolution of AZ80 magnesium alloy based on stress-strain data [J]. 2011, 528 (28): 8051-8059.

[54] Richards T L. The geometry of the plastic deformation of polycrystalline aggregates [J]. Rheologica Acta, 1962, 2 (1): 1-9.